JN493692

통계적 기계 학습

통계적 기계 학습

생성 모델에 근거한 패턴 인식

초판 1쇄 발행 2016년 4월 11일
초판 2쇄 발행 2017년 6월 12일

지은이 스기야마 마사시
옮긴이 노영균·남현하·김은솔
펴낸곳 서울대학교출판문화원
펴낸이 성낙인

출판등록 제15–3호

주소 08826 서울 관악구 관악로 1
대표전화 02-880-5252 | **팩스** 02-888-4148
전략기획팀(출판상담 및 홍보) 02-880-5217
출판관리팀(주문상담) 02-889-4424, 02-880-7995
이메일 snubook@snu.ac.kr
홈페이지 www.snupress.com

ISBN 978-89-521-1762-5 93550

© 노영균·남현하·김은솔 · 2016
옮긴이와의 협의하에 인지는 생략합니다. 잘못된 책은 바꾸어 드립니다.
이 책의 무단 전재나 복제 행위는 저작권법 제98조에 따라 처벌받게 됩니다.

통계적 기계 학습

생성 모델에 근거한 패턴 인식

스기야마 마사시 지음
노영균 · 남현하 · 김은솔 옮김

서울대학교출판문화원

Original Japanese edition
TokyoTech Be-TEXT Toukeiteki Kikai Gakushuu Dai 1-Han
Seisei Model ni Motozuku Pattern Ninshiki
By Masashi Sugiyama
Copyright © 2009 by Masashi Sugiyama
Published by Ohmsha, Ltd., Tokyo, Japan

This Korean Language edition published by SNU press(Seoul National University Press)
Copyright © Yung-Kyun Noh · Hyunha Nam · Eun-Sol Kim, 2016
All rights reserved.

이 책은 (주)한국저작권센터(KCC)를 통한 저작권자와의 독점계약으로 서울대학교출판문화원에서 출간되었습니다. 저작권법에 의해 한국 내에서 보호를 받는 저작물이므로 무단 전재와 복제를 금합니다.

머리말

기계 학습은 주어진 데이터에서 그 안에 숨어 있는 규칙을 자동으로 획득하는 것에 그 목적이 있다. 최근, 기계 학습 분야는 수리 통계학에 기초를 둔 "통계적 기계 학습" 방법을 이용하여 눈부신 발전을 하고 있다. 간단해 보이는 이 짧은 한 단어 "통계적 기계 학습"에도 다양한 접근 방법이 존재하기 때문에, 모든 것을 이해하는 것은 입문자들에게는 매우 어려운 일이다. 이 책은 통계적 기계 학습의 입문서로 이공계 대학 학부생이 이해할 수 있는 수준으로 쓰였으며, 특별히 "생성 모델에 근거한 패턴 인식"에 특화된 내용을 다룬다. 이 책의 한 단원은 대략 대학의 90분 강의량에 해당한다. 이 책에서 다루는 통계적 패턴 인식 방법은 확률론과 통계학에 그 기초를 두고 있기 때문에 많은 수식을 포함하고 있다. 하지만 관련된 수식을 잘 이해하는 것뿐만 아니라 패턴 인식의 과정을 수치를 대입해서 이해하는 것도 중요하기 때문에 Octave라는 무료 프로그램을 이용해 실제 패턴 인식을 어떻게 하는지 설명한다. 이 책은 수학이나 프로그래밍 중 어느 한쪽으로 치우치지 않고 모두 균형 있게 다룬다. 또한 Octave는 상용 소프트웨어 MATLAB에서도 거의 똑같이 실행할 수 있다. 이 책의 구성은 다음과 같다.

- 패턴 인식의 기초(1장)
- 준비(2장)

- 판별 함수의 평가 기준(3장)
- 파라메트릭(parametric) 방법
  - 최대 우도 추정법
    * 선형 판별 분석(4장)
    * 이론적 성질(5장)
    * 선형 판별 분석에 의한 필기 인식(6장)
    * 모델 선택(7장)
    * 가우스 혼합 모델의 최대 우도 추정(8장)
  - 베이즈 추론법
    * 최대 사후 확률 추정법(9장)
    * 수치 계산법(10장)
    * 모델 선택(11장)
- 논파라메트릭(nonparametric) 방법
  - 커널 밀도 추정법(12장)
  - 근접 이웃 밀도 추정법(13장)

기계 학습 분야는 매우 국제적인 학술 분야이므로, 이 책에서는 **기계 학습**(machine learning)과 같이 전문 용어를 한국어와 영어로 동시에 표기하는 경우가 있다. 여기에는 이 책을 이용해 기계 학습을 공부하는 학생이 전문 용어를 영어로 기억해 장래에 국제적으로 활약해 달라는 저자의 소망이 담겨 있다. 모든 용어를 영어로도 기억해 주길 바란다.

책을 집필하면서 나고야대학의 카나모리 교수님, 나라첨단과학기술대학원대학의 와타나베 교수님, 도쿄대학의 스즈키 교수님, 호세이대학의 와카하라 교수님에게 수많은 조언을 받았다. 또 도쿄복지대학, 대학원의 오가와 교수님, 도쿄농공대학의 타나카 교수님의 자료를 참고로 했다. 이 책을 출판하면서 도쿄대학의 마치노 씨, 쿠로다 씨에게 큰 신세를 졌다. 마지막으로 이 책의 출판 기회를 주신 도쿄공업대학의 우에마츠 교수님을 비롯한 여러분께 감사를 드리고 싶다.

2009년 8월

스기야마 마사시

역자 서문

최근 10여 년간 다양한 분야에서의 데이터와 이의 활용에 대한 요구의 증가로 기계 학습 방법에 대한 관심은 계속 증가하고 있습니다. 이 책은 기계 학습 알고리즘의 기본 원리를 이해하고자 하는 학계 및 산업체의 연구자들이 사용할 수 있는 입문서로서, 입문자들이 알고리즘의 기본 원리를 상당히 깊이까지 이해할 수 있도록 쓰인 책입니다.

생성적 알고리즘의 기본 원리는 파라미터 추성의 성확성에 대한 원리입니다. 제한된 양의 데이터를 가지고 파라미터 추정을 할 때 이해해야 할 중요한 이론들의 의미에 대해 이 책은 입문자의 입장에서 직관적이고 정확한 설명을 제공합니다. 특별히 이 부분은 한국에서 출판된 기계 학습 서적들에서 관련된 내용을 많이 간과하고 있는 중요한 부분입니다.

이 책의 저자인 스기야마 마사시 교수는 Neural Information Processing Systems (NIPS)와 같은 기계 학습의 가장 권위 있는 학회의 주요 구성원입니다. 역자는 저자와 함께 다수의 학회 활동을 하면서 저자와 많은 학문적 교감이 있습니다. 역자가 본 저자는 기계 학습의 다양한 분야에 두루 전문적인 지식을 갖추고 있으면서 실제로 다양한 분야에 매우 수준 높은 연구 결과들을 매년 발표하고 있는 연구자입니다. 이 책의 원서는 일본어로 작성되어 있어 한국의 학생들과 연구자들이 접근하기에는 벽이 있었습니다. 이 책이 한국 연구자들에게 도움이 될 거라고 확신하면서 저를 포함한 역자들이 많은 노력과 시간을 들였습니다. 특별히 저자 역시 이 책의 번역에 참여하여 내용적인 면에서 오류가 없는지 여러 날에 걸쳐 함께 재확인을 했습니다.

이 책에서 제공하는 Octave 코드는 무료로 제공되는 Octave를 이용해 연습할 수 있지만, Matlab을 사용하여 연구를 하고 있는 연구자라면 같은 코드로 Matlab을 통해 더욱 편하게 연습해 볼 수 있습니다. 기계 학습에 대한 어느 정도의 구현 경험이 있는 연구자라도 이 책의 내용을 따라 연습해 보면서 기계 학습 알고리즘의 특성에 대한 새로운 이해를 얻을 수 있을 것으로 확신합니다.

마지막으로 이 책의 출판에 많은 도움을 주신 박종우 교수님께 감사를 드립니다.

2016년 3월
역자 노영균

차례

3장 판별 함수의 평가 기준

4장 최대 우도 추정법

5장 최대 우도 추정법의 이론적 성질

6장 선형 판별 분석을 사용한 필기 인식

7장 최대 우도 추정법의 모델 선택

12장 커널 밀도 추정법

13장 근접 이웃 밀도 추정법

1장 패턴 인식의 기초

패턴 인식이란 주어진 패턴을 그것이 속한 분류 범주에 대응시키는 작업이다. 통계적 패턴 인식에서는, 학습을 위해 마련된 데이터의 통계적인 성질을 이용해 패턴 인식기를 생성한다. 이때, 학습된 데이터를 잘 분류하고 새로 주어진 데이터의 패턴을 제대로 분류할 수 있는 능력을 획득하는 것이 중요하다.

1.1 패턴 인식이란

참고 문헌[39]에 따르면 **패턴 인식**(pattern recognition)은 주어진 패턴을 그것이 속한 분류 항목에 대응시키는 작업으로 정의된다. 여기서 **패턴**(pattern)이란, 공간적-시간적으로 관측된 값들의 집합으로 관측된 사건들 간의 비슷한 정도를 나타낼 수 있어야 한다. 분류 범주(혹은 분류 영역, 카테고리)란 패턴 인식의 결과, 동등하다고 간주할 수 있는 패턴의 집합 개념이다.

위의 정의를 더 설명하기 위해 구체적 예를 몇 가지 들어 보자(그림 1.1). 필기 인식에서는 손으로 쓴 글씨가 패턴이고, 그 문자의 이름이 분류 범주가 된다. 한편, 필자 인식의 경우에는 손으로 쓴 글씨가 패턴인 것은 같으나 그 문자를 쓴 사람의 이름이 분류 범주다. 스팸메일 필터의 경우, 전자메일이 패턴이며, 그것이 스팸메일인지의 여부가 분류 범주다.

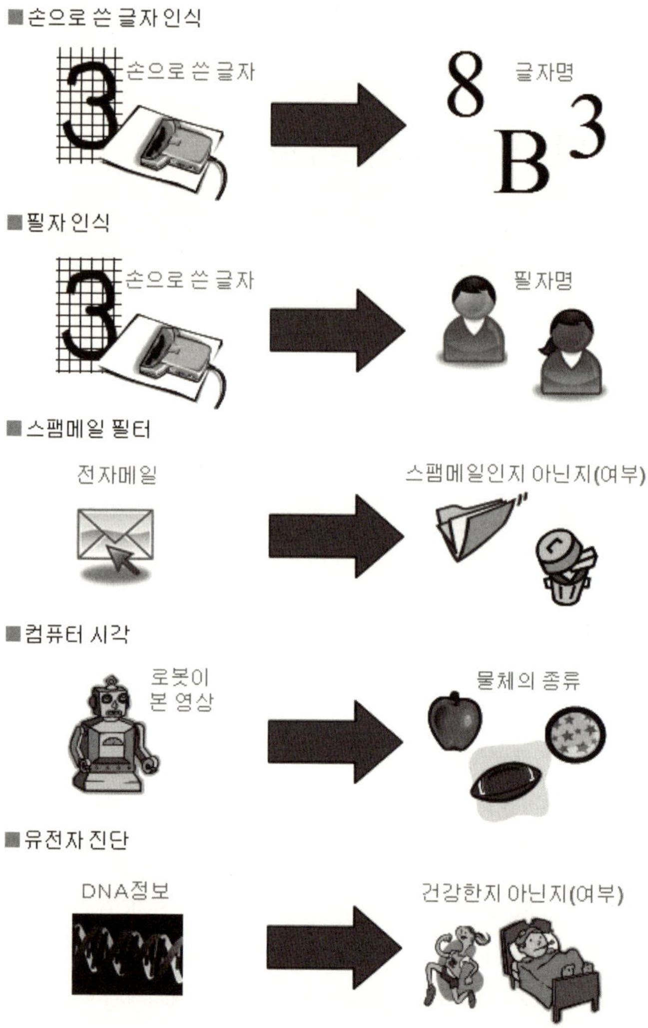

그림 1.1: 패턴 인식의 예. 왼쪽이 패턴이고 오른쪽이 카테고리

로봇에게 보인 영상이 패턴이라면, 그 영상에 나타나는 물체들의 종류가 분류 항목이 된다. 유전자 진단에서는 DNA 정보가 패턴으로 그 사람이 특정 병을 가지고 있는지의 여부가 분류 범주다.

패턴 인식의 연구는 주로 다음 3개의 항목 중 하나 이상의 목표를 가지고 행해지고 있다(그림 1.2).

(A) 인간(생물)의 패턴 인식 기능을 밝히고 싶다.

(B) 고도로 지적인 패턴 인식 기능을 컴퓨터를 이용해 실현하고 싶다.

(C) 패턴 인식을 실시할 수 있는 원리를 수리적으로 밝혀내고 싶다.

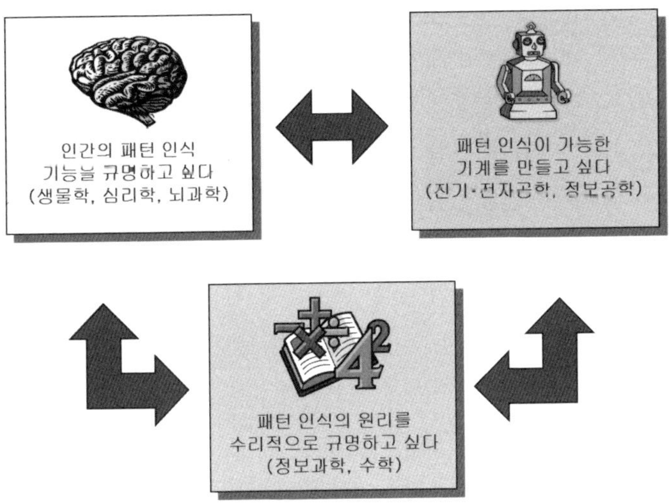

그림 1.2: 패턴 인식의 3개의 연구 분야

(A)는 생물 패턴 인식 기능에 대한 생리학적 연구로 생물학, 심리학, 뇌과학 등의 분야에서 연구되고 있다. (B)는 지능을 가진 컴퓨터를 만드는 연구로 주로 전기·전자공학, 정보공학 분야에서 연구한다. (C)는 패턴 인식 원리를 수리적으로 밝혀내는 연구로 정보과학이나 수학의 분야에서 연구된다.

이들 3개의 연구 과제는 각각 독립적으로 연구되는 것이 아니라, 서로 밀접한 관련을 가지고 있다. 예를 들면 지능을 가진 컴퓨터를 만드는 (B)의 연구에는 (A)의 연구 결과에서 얻어진 인간의 패턴 인식 원리에 대한 생리학적 지식을 이용할 수 있고, (C)의 이론적인 연구 성과를 이용해서는 수리적으로 최적화된 인식기를 만드는 일을 할 수 있다. 최근 패턴 인식의 수리적인 연구 성과가 로봇공학에 응용되고 있는 것이 하나의 예다[37].

인간의 뇌는 매우 정교한 패턴 인식 기능을 가지고 있다는 전제하에, (A)에서 얻은 지식을 패턴 인식기를 만드는 데 이용하려는 시도는 자연스러운 접근이다. 그러나 인간의 뇌는 긴 진화의 과정에서 순차적으로 성장해 와서 태고부터 존재한 부분과 비교적 새로운 부분이 혼재되어 있다. 정보과학의 입장에서 이런 순차적 형성 과정을 거쳐 온 뇌는 종합적으로 패턴 인식을 위한 적합한 구조를 가지고 있다고 볼 수 있다. 한편, (C)의 연구 성과에 따라 패턴 인식기를 만들려는 접근 방법은 수리적으로 최적인 패턴 인식 방법을 모색하려는 노력이며, 원리적으로는 인간보다 효율적인 패턴 인식 기능을 실현할 가능성도 있다. 이 책에서는 (C) 분야의 주요 결과를 주로 설명하는 것과 동시에, 패턴 인식에 대한 수리적 이해를 바탕으로 어떻게 컴퓨터가 패턴 인식을 수행하게 할 수 있을지 구체적으로 설명한다.

패턴 인식은 일반적으로 다음의 4개 과정으로 이루어진다(그림 1.3).

관측: 주어진 패턴을 인식기에 입력하는 작업. 필기 인식의 경우는 스캐너로 문자를 읽어 들이는 작업이 이에 해당한다.

전처리: 이후의 과정을 쉽게 하기 위해서 패턴의 정규화와 노이즈 제거 등의 작업을 실시한다. 필기 인식의 경우에는 문자 영역의 조절, 글자 크기나 중심의 정규화, 노이즈 제거, 색 조정 등의 작업들이 이에 해당한다.

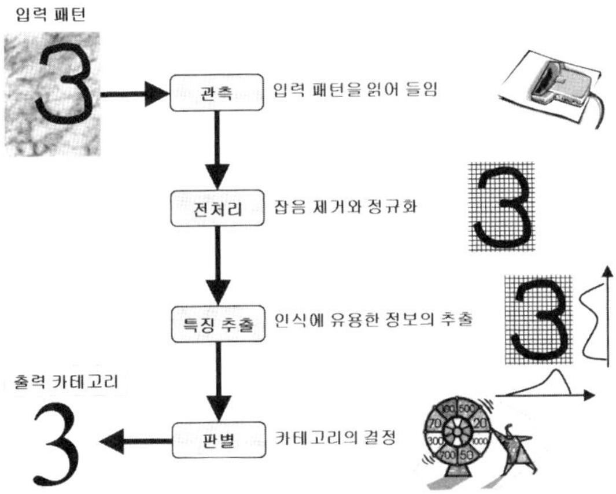

그림 1.3: 패턴 인식의 과정

특징 추출: 패턴을 분류하는 데 유용한 특징들을 잡아낸다. 입력 패턴이 많은 항목을 가질 경우, 특징 추출은 특히 중요하다.

판별: 추출한 특징을 가지고 입력 패턴이 속한다고 생각하는 분류 영역을 결정한다. 그 후, 판별 결과의 신뢰성을 평가하여 결과의 신뢰성이 떨어진다면 다시 관측, 전처리, 특징 추출 과정을 실시한다.

위의 관측, 전처리, 그리고 특징 추출의 과정은 인식하는 대상의 종류에 따라 크게 다르다. 예를 들면, 문자 인식에 사용되는 전처리법을 유전자 진단에 사용하는 것은 불가능하다. 하지만 마지막 과정에 해당하는 판별 과정은 인식 대상에 관계없이 공통적으로 적용될 수 있다. 이 책에서는 주로 이러한 판별 과정에 초점을 맞추고 판별 과정의 수리적 원리와 이의 컴퓨터 구현을 중심으로 설명하기로 한다.

1.2 결정론적 패턴 인식과 통계적 패턴 인식

패턴이 속한 분류 항목이 어떻게 정해지는가에 따라 패턴 인식 방법을 **결정론적 패턴 인식**(deterministic pattern recognition)과 **통계적 패턴 인식**(statistical pattern recognition)으로 나눌 수 있다. 결정론적 패턴 인식은 패턴에 대한 분류 항목이 이미 고유하게 결정되어 있다는 전제를 가지고 패턴 인식을 수행하고, 통계적 패턴 인식은 그렇지 않은 경우를 포함하여 수행한다. 즉 통계적 패턴 인식에서는 같은 패턴이 주어져도 그것이 속한 분류 항목이 확률을 가지고 정해지는 것을 고려한다.

결정론적 패턴 인식에서는, 패턴의 카테고리가 고유하게 정해져 있기 때문에, 패턴에 대한 지식을 축적하면 100% 올바르게 인식할 수 있게 된다. 한편, 통계적 패턴 인식에서는 패턴에 대한 카테고리가 유동적이므로 아무리 패턴에 대한 지식을 축적해도 정답률은 100%에 미치지 않게 된다.

결정론적 패턴 인식은 주로 패턴의 구조적 특징을 이용하여 판별한다. 예를 들어, 필기 인식의 경우 문자 내의 직선과 곡선이 어떻게 구성되어 있는지를 이용하여 인식한다. 이는 1.1절에서 설명했던 특징 추출과 판별이 동시에 수행되는 경우에 해당한다. 이러한 패턴의 구조를 따지는 일은 인식하려는 대상에 의존하는 특성이 있기 때문에, 필기 인식기를 만들 때 사용된 학습 지식들은 일기예보에는 사용할 수 없다.

한편, 통계적 패턴 인식에서는 패턴의 통계적인 성질만을 이용하고 판별한다. 이 방법은 패턴의 구조에 대한 부분은 전혀 다루고 있지 않기 때문에 인식하려는 대상에 구애받지 않은 상태에서 일반적인 논의를 전개할 수 있게 한다. 이러한 이유로 이 책에서는 후자의 통계적 패턴 인식만을 다룬다. 하지만 통계적 패턴 인식이 반드시 결정론적 패턴보다 나은 것은 아니다. 실제로 통계적 패턴 인식은, 결정론적 패턴 인식에서의 패턴의 구조를 따지는 부분을 특징 추출 과정에 떠넘김으로써 인식

대상에 의존하지 않는 방법이 되었을 뿐이다.

1.3 통계적 패턴 인식의 수식화

본 절에서는, 통계적 패턴 인식의 문제를 수학적으로 수식화한다.

1.1절에서 설명한 패턴 인식 과정의 판별 과정으로 입력되는 데이터를 패턴이라고 부르기로 하고 $\boldsymbol{x}$로 표시한다. 패턴 $\boldsymbol{x}$는 d차원 유클리디안 공간 $\mathbb{R}^d$의 부분집합 $\mathcal{D}$에 속한다고 가정하자.

$$\boldsymbol{x} \in \mathcal{D} \subset \mathbb{R}^d.$$

$\mathcal{D}$를 패턴 공간(pattern space)이라고 부른다. 패턴 $\boldsymbol{x}$가 속한 카테고리를 y로, 카테고리의 개수는 c 로 표기한다. 즉,

$$y \in \{1, \ldots, c\}$$

와 같다.

필기 인식의 경우에는 필기한 것을 스캐너에 넣은 이미지가 패턴이다. 여기서는 편의상 특징 추출은 실시하지 않는 경우를 생각하기로 한다. 예를 들면, 스캐너로 읽어 들인 이미지가 16×16 해상도를 가졌을 경우, 패턴 $\boldsymbol{x}$ 는 화소의 값들을 세로로 늘어놓은 256차원의 실수 벡터가 된다(그림 1.4). 엄밀하게 말하자면 화소의 값들은 실수가 아니라 8비트(즉, 256개의 단계값)의 이산값이지만, 여기에서는 그것을 0에서 1 사이의 정규화된 실수로 취급한다. 이때 패턴 공간 $\mathcal{D}$ 는

$$\mathcal{D} = [0, 1]^{256}$$

와 같다. 또 필기한 숫자 인식의 경우에는 '0' 에서 '9'의 문자가 각각 카테고리가 되고, 카테고리의 수는 $c = 10$이다.

패턴 인식기를 만든다는 것은 모든 패턴 $\boldsymbol{x}$를 그것이 속한 분류 항목 y에 대응, 매핑시키는 변환 방법을 만드는 것이다. 그러한 변환 방법을

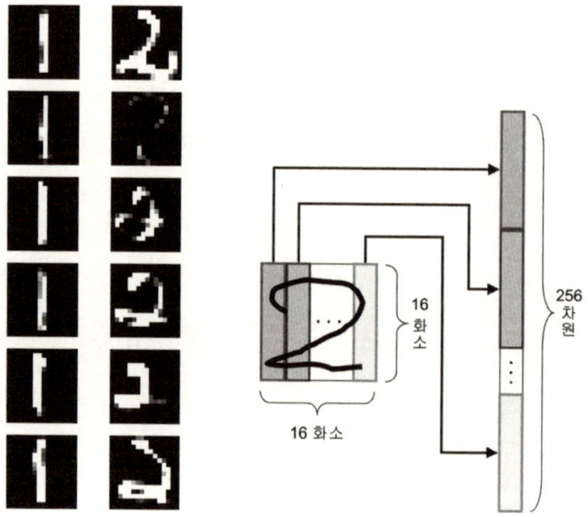

(a) 필기 이미지 (b) 2차원 이미지 벡터화

그림 1.4: 필기 이미지와 벡터화

판별 함수(discrimination function)라고 부르고 $f(\boldsymbol{x})$로 표기한다(그림 1.5(a)). 카테고리 y의 패턴이 속하는 영역을 $\mathcal{D}_y$로 표기하고, 이를 **결정 영역**(decision region)이라고 부른다(그림 1.5(b)). 결정 영역 $\{\mathcal{D}_y\}_{y=1}^{c}$은,

$$\bigcup_{y=1}^{c} \mathcal{D}_y = \mathcal{D}, \quad \mathcal{D}_y \cap \mathcal{D}_{y'} = \emptyset \text{ for } y \neq y'$$

을 만족한다. 단, $\emptyset$는 **공집합**(empty set)을 나타낸다. 몇 가지 결정 영역의 경계를 **결정 경계**(decision boundary)라고 부른다. 패턴 인식은 패턴 공간 $\mathcal{D}$를 결정 영역 $\{\mathcal{D}_y\}_{y=1}^{c}$에 분할하는 문제와 같다.

일반적으로, 판별 함수(또는 결정 영역, 결정 경계)는 알 수 없다. 이 책에서는 패턴 x나 카테고리 y를 **확률 변수**(random variable)로 다루고, 그 통계적인 성질을 이용하여 최고의 성능을 가진 판별 함수를 구성하는 것을 목표로 한다.

판별 함수(또는 결정 영역, 결정 경계)를 구성하는 것이 얼마나 어려

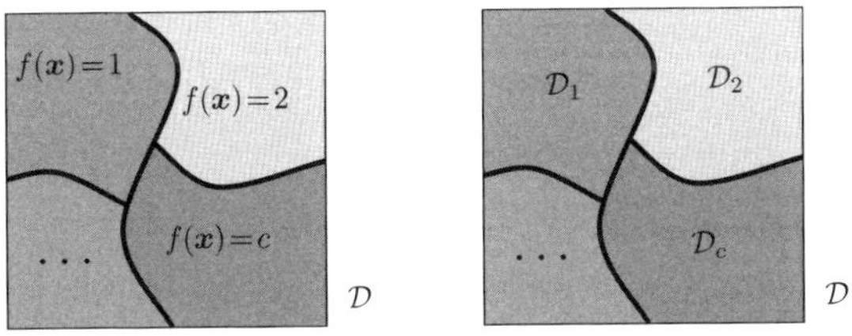

(a) 판별 함수 (b) 결정 영역과 결정 경계

그림 1.5: 패턴 인식기를 구성하는 것은 판별 함수, 결정 영역, 결정 경계를 정하는 것과 같다.

운 일인지 필기 숫자 인식을 예로 들어 생각해 보자. 단순하게 하기 위해 화소 수가 100(= 10 × 10)이고, 각 화소가 8비트(즉, 256개의 단계값)의 이산값을 갖는다고 한다. 그렇다면 존재할 수 있는 이미지의 수는

$$256^{100} = (2^8)^{100} = (2^{10})^{80} \approx (10^3)^{80} = 10^{240}$$

가 된다. 이것은 1의 뒤에 0이 240개 늘어선 천문학적인 숫자다.

$$1\underbrace{00\cdots00}_{240\text{ 개}}$$

이 때문에 단 10 × 10 사이즈의 작은 이미지에 있는 간단한 필기 숫자 인식이라 할지라도 모든 이미지에 대한 분류 항목을 알아보는 것은 불가능하다. 따라서 모든 패턴에 대한 분류 항목을 알아보는 것은 포기하는 대신 카테고리가 알려지지 않은 패턴에 대해 카테고리를 잘 **예측**(prediction)할 수 있는 방법이 필요하다. 미지의 패턴을 정확하게 분류하는 능력을 **일반화 능력**(generalization ability)이라고 한다. 패턴 인식 장치가 일반화 능력을 갖게 하는 것이 통계적 패턴 인식의 목표다.

2장 준비

본 장에서는 이후에 사용하게 될 확률·통계의 수학적 기초 사항 및 수치 계산 소프트웨어 Octave의 사용법을 설명한다.

2.1 확률·통계의 기초

패턴 $\boldsymbol{x}$나 분류 항목 y가 **확률 변수**(random variable)일 때 다음과 같은 ≪확률≫을 정의할 수 있다.

$$p(\boldsymbol{x}),\ \ p(y),\ \ p(\boldsymbol{x}, y),\ \ p(y|\boldsymbol{x}),\ \ p(\boldsymbol{x}|y)$$

$p(y)$는 카테고리의 **확률 함수**(probability function)라고 불린다. y는 **이산형**(discrete type) 확률 변수이므로 $p(y)$는 카테고리 y의 발생 확률을 나타낸다. $p(y)$는 확률이므로

$$p(y) \geq 0 \text{ for } y = 1, \ldots, c, \qquad \sum_{y=1}^{c} p(y) = 1$$

을 만족한다. 즉, 확률 값은 항상 음수가 아니고, 확률의 총합은 1이 된다.

한편, $\boldsymbol{x}$는 **연속형**(continuous type) 확률 변수다. $p(\boldsymbol{x})$는 $\boldsymbol{x}$의 확률적인 밀도를 나타내므로, **확률 밀도 함수**(probability density function)라고 불린다. 확률 밀도 함수 $p(\boldsymbol{x})$는 다음 조건을 만족한다.

$$p(\boldsymbol{x}) \geq 0 \text{ for any } \boldsymbol{x} \in \mathcal{D}, \qquad \int_{\mathcal{D}} p(\boldsymbol{x}) d\boldsymbol{x} = 1$$

위와 같이, 확률 밀도 값은 언제나 음수가 아니고, 그 적분은 1이 된다. 엄밀히 따지자면, 확률 변수가 연속형 또는 이산형인지의 여부에 따라 $p(\cdot)$를 확률 함수와 확률 밀도 함수로 나눠야 하지만, 특별히 문제가 되지 않는 경우에는 $p(\cdot)$를 단순히 확률이라고 부르기로 한다.

$p(\boldsymbol{x}, y)$는 $\boldsymbol{x}$와 y가 동시에 일어나는 확률을 의미하고, 이를 **동시 확률**(joint probability)이라고 부른다. 동시 확률 $p(\boldsymbol{x}, y)$에 대해 다음 식이 성립한다.

$$\sum_{y=1}^{c} p(\boldsymbol{x}, y) = p(\boldsymbol{x}), \quad \int_{\mathcal{D}} p(\boldsymbol{x}, y) d\boldsymbol{x} = p(y)$$

이렇게 얻어진 $p(\boldsymbol{x})$ 및 $p(y)$를 동시 확률 $p(\boldsymbol{x}, y)$의 **주변 확률**(marginal probability)이라고 부른다. 또, 확률로부터 주변 확률을 요구하는 작업을 **주변화**(marginalization)라고 부른다.

$p(y|\boldsymbol{x})$는 $\boldsymbol{x}$가 주어졌을 때 y가 일어날 확률을 의미하고, y의 **조건부 확률**(conditional probability)이라고 부른다. 마찬가지로, $p(\boldsymbol{x}|y)$는 y가 주어졌을 때 $\boldsymbol{x}$가 일어날 확률을 말하고, $\boldsymbol{x}$의 조건부 확률이라고 한다. $p(y|\boldsymbol{x})$는 어디까지나 이산 확률 변수 y의 발생 확률을 나타내기 때문에 확률 함수이며, $p(\boldsymbol{x}|y)$는 연속 확률 변수 $\boldsymbol{x}$에 대해 정의된 확률 밀도 함수다. 조건부 확률은 다음 식을 만족한다.

$$p(y|\boldsymbol{x})p(\boldsymbol{x}) = p(\boldsymbol{x}, y) = p(\boldsymbol{x}|y)p(y)$$

이 식을 주변화를 통해, 다음의 형태로 변형한 것을 특별히 **베이즈 정리**(Bayes' theorem)라고 부른다.

$$p(y|\boldsymbol{x}) = \frac{p(\boldsymbol{x}|y)p(y)}{\sum_{y'=1}^{c} p(\boldsymbol{x}|y')p(y')}$$

패턴 인식의 맥락에서, $p(y|\boldsymbol{x})$를 특히 카테고리의 **사후 확률**(a posteriori probability)이라고 부른다. 왜냐하면 이것은 패턴 $\boldsymbol{x}$를 관측한

후의 카테고리 y의 발생 확률이기 때문이다. 한편, $p(y)$는 패턴 $\boldsymbol{x}$를 관측하기 전의 카테고리 y의 발생 확률이라 카테고리의 **사전 확률**(a priori probability)이라고 부른다.

d차원 연속형 확률 변수 $\boldsymbol{x}$의 **기댓값**(expectation)과 **분산 공분산 행렬**(variance-covariance matrix)은 각각 다음과 같이 정의된다.

$$\mathbb{E}_{\boldsymbol{x}}[\boldsymbol{x}] := \int \boldsymbol{x} p(\boldsymbol{x}) d\boldsymbol{x}$$
$$\mathbb{V}_{\boldsymbol{x}}[\boldsymbol{x}] := \mathbb{E}_{\boldsymbol{x}}\left[(\boldsymbol{x} - \mathbb{E}_{\boldsymbol{x}}[\boldsymbol{x}])(\boldsymbol{x} - \mathbb{E}_{\boldsymbol{x}}[\boldsymbol{x}])^\top\right]$$

여기서, $^\top$는 **전치**(transpose)를 의미한다. 기댓값를 나타내는 기호 $\mathbb{E}_{\boldsymbol{x}}$ 아래의 $\boldsymbol{x}$는 $p(\boldsymbol{x})$를 따르는 확률 변수 $\boldsymbol{x}$에 대한 기댓값이라는 뜻이다.

$$\mathbb{E}_{\boldsymbol{x}}[f(\boldsymbol{x})] := \int f(\boldsymbol{x}) p(\boldsymbol{x}) d\boldsymbol{x}$$

기댓값 $\mathbb{E}_{\boldsymbol{x}}[\boldsymbol{x}]$는 d차원 벡터이고, 분산 공분산 행렬 $\mathbb{V}_{\boldsymbol{x}}[\boldsymbol{x}]$는 $d \times d$ 행렬이다. 분산 공분산 행렬 $\mathbb{V}_{\boldsymbol{x}}[\boldsymbol{x}]$의 i번째 대각 성분은 $x^{(i)}$($\boldsymbol{x}$ 의 i번째 성분) **분산**(variance)에 대응하고, $\mathbb{V}_{\boldsymbol{x}}[\boldsymbol{x}]$의 (i, j) 성분은 $x^{(i)}$와 $x^{(j)}$의 **공분산**(covariance)에 대응한다.

$$[\mathbb{V}_{\boldsymbol{x}}[\boldsymbol{x}]]_{i,i} = \mathbb{V}_{\boldsymbol{x}}[x^{(i)}] = \mathbb{E}_{\boldsymbol{x}}\left[(x^{(i)} - \mathbb{E}_{\boldsymbol{x}}[x^{(i)}])^2\right]$$
$$[\mathbb{V}_{\boldsymbol{x}}[\boldsymbol{x}]]_{i,j} = \mathbb{C}_{\boldsymbol{x}}(x^{(i)}, x^{(j)})$$
$$\mathbb{C}_{\boldsymbol{x}}(x^{(i)}, x^{(j)}) := \mathbb{E}_{\boldsymbol{x}}\left[(x^{(i)} - \mathbb{E}_{\boldsymbol{x}}[x^{(i)}])(x^{(j)} - \mathbb{E}_{\boldsymbol{x}}[x^{(j)}])\right]$$

또한 공분산을 다음과 같이 정규화한 크기를 **상관 계수**(correlation coefficient)라고 한다.

$$\rho_{ij} = \frac{\mathbb{C}_{\boldsymbol{x}}(x^{(i)}, x^{(j)})}{\sqrt{\mathbb{V}_{\boldsymbol{x}}[x^{(i)}]}\sqrt{\mathbb{V}_{\boldsymbol{x}}[x^{(j)}]}}$$

상관 계수가 양의 값을 가질 때 두 확률 변수의 증감 관계는 같은 경향을, 음의 값을 가질 때는 반대 경향을 가진다. 상관 계수가 (거의)

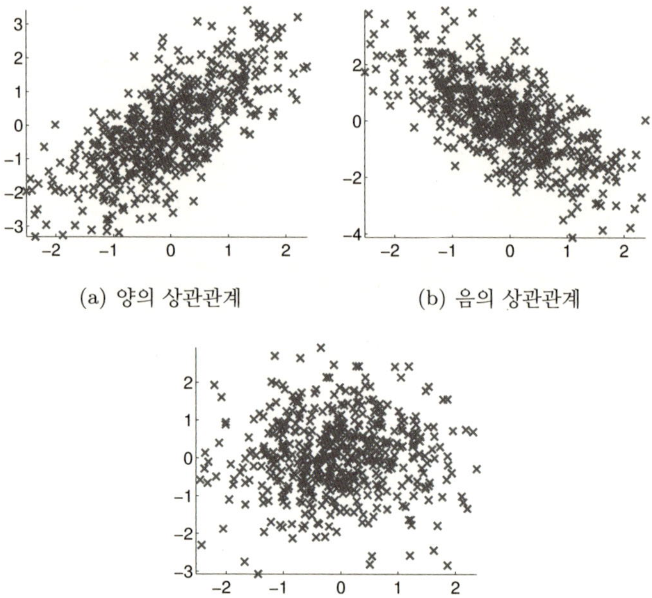

(a) 양의 상관관계 (b) 음의 상관관계

(c) 무상관

그림 2.1: 확률 변수 간의 상관관계

제로일 때, 두 확률 변수의 증감 관계는 (거의) 무관하다. 이것을 그림 2.1에 정리한다.

2개의 확률 변수 $\boldsymbol{x}$와 $\boldsymbol{x}'$의 동시 확률 $p(\boldsymbol{x}, \boldsymbol{x}')$가

$$p(\boldsymbol{x}, \boldsymbol{x}') = p(\boldsymbol{x})p(\boldsymbol{x}')$$

처럼 분해될 때, $\boldsymbol{x}$와 $\boldsymbol{x}'$는 **독립**(independent)이라고 한다. 일반적으로 두 확률 변수가 독립이라면 상관관계가 없지만, 그 역이 반드시 성립되는 것은 아니다. 예를 들어,

$$p(x, x') = \begin{cases} 1 & |x| + |x'| \leq \frac{1}{\sqrt{2}} \\ 0 & \text{그 외} \end{cases} \tag{2.1}$$

에서 x와 x'는 상관관계가 없지만 독립이 아니다. 따라서 두 확률변수가

독립인 것은 상관관계가 없다는 것보다 강한 성격이라고 할 수 있다.

연습 2.1: 식 2.1에서 x와 x'는 상관관계가 없지만 독립이 아님을 보여라. ■

다음은 이 책에서 자주 사용할 **정규 분포**(normal distribution)에 대한 설명이다. 정규 분포는 **가우시안 분포**(Gaussian distribution)로도 불린다. 우선은 입력 $\boldsymbol{x}$가 1차원인 경우를 설명한다. 1차원의 정규 분포의 확률 밀도 함수는 다음 식에서 주어진다.

$$p(x) = \frac{1}{\sqrt{2\pi\sigma^2}} \exp\left(-\frac{(x-\mu)^2}{2\sigma^2}\right)$$

μ와 σ^2는 정규 분포의 기댓값와 분산을 나타낸다.

$$\mathbb{E}_x[x] = \mu, \qquad \mathbb{V}_x[x] = \sigma^2$$

그림 2.2의 1차원 정규 분포의 확률 밀도 함수의 예처럼 정규 분포의 확률 밀도는 범종 모양을 하고 있다.

일반적인 다차원(d차원)의 정규 분포의 확률 밀도 함수는 다음 식과 같이 정의된다.

$$p(\boldsymbol{x}) = \frac{1}{(2\pi)^{\frac{d}{2}} \det(\boldsymbol{\Sigma})^{\frac{1}{2}}} \exp\left(-\frac{1}{2}(\boldsymbol{x}-\boldsymbol{\mu})^\top \boldsymbol{\Sigma}^{-1}(\boldsymbol{x}-\boldsymbol{\mu})\right)$$

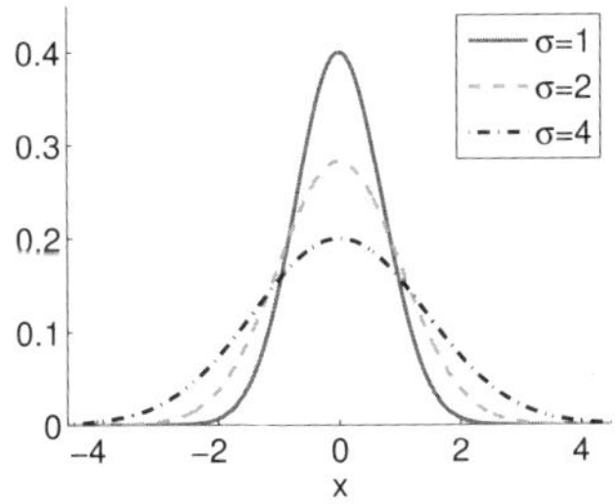

그림 2.2: 1차원 정규 분포의 확률 밀도 함수 (기댓값 $\mu = 0$)

det($\boldsymbol{\Sigma}$)는 행렬$\boldsymbol{\Sigma}$의 **행렬식**(determinant)을 나타낸다. $\boldsymbol{\Sigma}$는 **양정치 행렬**(positive definite matrix)로 또한 **대칭 행렬**(symmetric matrix)이다. 즉, 모든 0이 아닌 벡터 $\boldsymbol{x}$에 대하여 $\boldsymbol{x}^\top \boldsymbol{\Sigma} \boldsymbol{x} > 0$를 만족하고, 대칭성 조건 $\boldsymbol{\Sigma}^\top = \boldsymbol{\Sigma}$를 만족시켜야 한다. 정규 분포의 기댓값과 분산 공분산 행렬은 각각

$$\mathbb{E}_{\boldsymbol{x}}[\boldsymbol{x}] = \boldsymbol{\mu}, \qquad \mathbb{V}_{\boldsymbol{x}}[\boldsymbol{x}] = \boldsymbol{\Sigma}$$

와 같이 주어진다.

여기서 공분산이 0일 때, 즉 분산 공분산 행렬 $\boldsymbol{\Sigma}$가 대각 행렬이 되는 경우를 생각해 보자. $\boldsymbol{\Sigma}$의 i번째 대각 성분을$(\sigma^{(i)})^2$ 로 나타낸다.

$$\boldsymbol{\Sigma} = \mathrm{diag}\left((\sigma^{(1)})^2, \ldots, (\sigma^{(d)})^2\right)$$

이때, 정규 분포의 확률 밀도 함수는

$$p(\boldsymbol{x}) = \frac{1}{(2\pi)^{\frac{d}{2}} \prod_{j=1}^{d} \sigma^{(j)}} \exp\left(-\sum_{j=1}^{d} \frac{(x^{(j)} - \mu^{(j)})^2}{2(\sigma^{(j)})^2}\right)$$

와 같이 더욱 단순하게 표현될 수 있다. 여기서, $x^{(j)}$와 $\mu^{(j)}$는 각각 $\boldsymbol{x}$와 $\boldsymbol{\mu}$의 제 j성분을 나타낸다.

$$\boldsymbol{x} = (x^{(1)}, \ldots, x^{(d)})^\top, \quad \boldsymbol{\mu} = (\mu^{(1)}, \ldots, \mu^{(d)})^\top$$

또한 모든 분산 $(\sigma^{(j)})^2$이 같은 경우, 공통의 분산을 σ^2로 나타내면, 정규 분포의 확률 밀도 함수는

$$p(\boldsymbol{x}) = \frac{1}{(2\pi\sigma^2)^{\frac{d}{2}}} \exp\left(-\frac{(\boldsymbol{x} - \boldsymbol{\mu})^\top (\boldsymbol{x} - \boldsymbol{\mu})}{2\sigma^2}\right)$$

와 같다. 다양한 2차원 정규 분포의 확률 밀도 함수의 3차원 그래프 및 등고선 그래프를 그려 보면 그림 2.3-2.5와 같은 모양을 보이는 것을 알 수 있다.

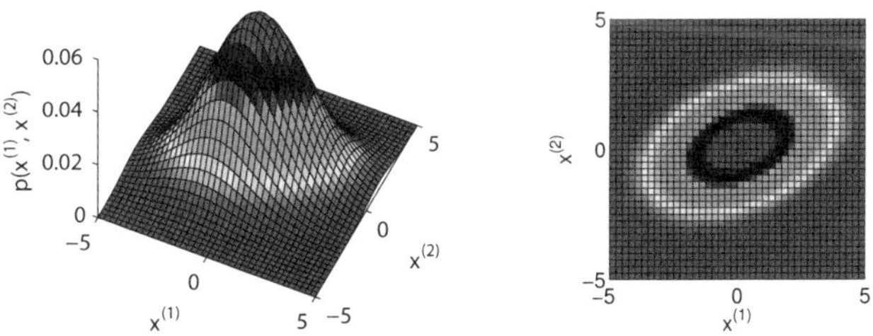

(a) 3차원 그래프 (b) 등고선 그래프

그림 2.3: 기댓값 $\boldsymbol{\mu} = \begin{pmatrix} 0 \\ 0 \end{pmatrix}$, 분산 공분산 행렬$\boldsymbol{\Sigma} = \begin{pmatrix} 4 & 1 \\ 1 & 2 \end{pmatrix}$ 의 정규 분포

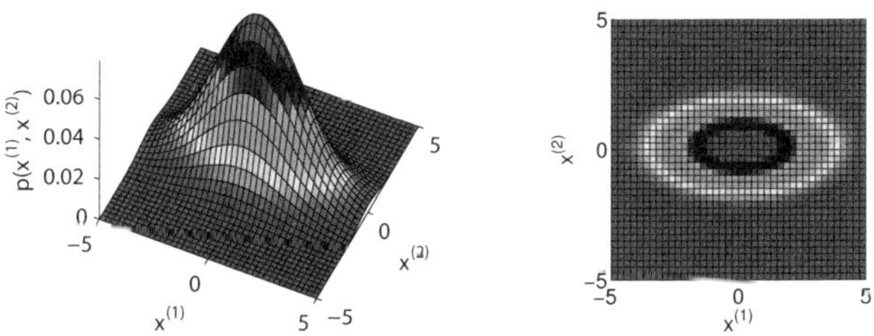

(a) 3차원 그래프 (b) 등고선 그래프

그림 2.4: 기댓값$\boldsymbol{\mu} = \begin{pmatrix} 0 \\ 0 \end{pmatrix}$,분산 공분산 행렬$\boldsymbol{\Sigma} = \begin{pmatrix} 4 & 0 \\ 0 & 1 \end{pmatrix}$ 의 정규 분포

2.2 Octave의 사용 방법

이 장에서는 수치 계산 소프트웨어 Octave의 사용법을 간단히 설명한다.

2.2.1 설치하기

Debian, SuSE, RedHat 등의 Linux 사용자는 Octave를 각 Linux 패키지 관리 시스템을 통해 설치할 수 있다. 자세한 내용은

`http://www.gnu.org/software/octave/download.html`

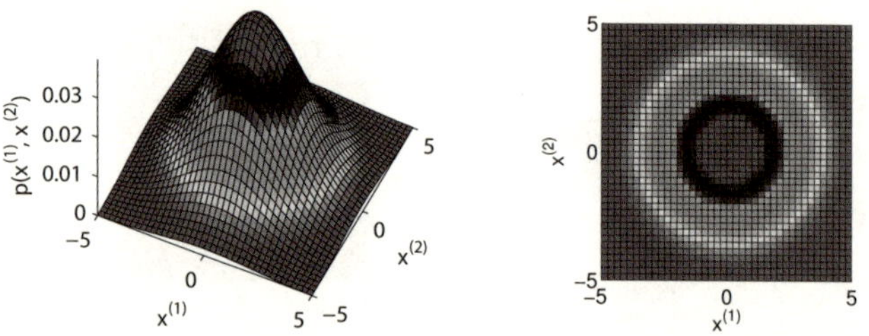

(a) 3차원 그래프 (b) 등고선 그래프

그림 2.5: 기댓값 $\boldsymbol{\mu} = \begin{pmatrix} 0 \\ 0 \end{pmatrix}$, 분산 공분산 행렬$\boldsymbol{\Sigma} = \begin{pmatrix} 4 & 0 \\ 0 & 4 \end{pmatrix}$ 의 정규 분포

를 참조하라. Mac 사용자도 위의 사이트에서 설치 파일을 구할 수 있다. Windows 사용자는,

```
http://www.cygwin.com/
```

에서 다운로드할 수 있는 Cygwin 설치 관리자를 실행하면 되는데, 설치하는 패키지에 math의 octave-forge를 포함하면 된다. Cygwin은 Windows에서 실행할 수 있는 Linux 환경이다.

2.2.2 Octave의 시작

명령줄(Command line)에 'octave'라고 치면, Octave를 시작한다. Windows에서 Cygwin을 사용하고 있는 사람은 먼저 Cygwin을 시작하고 명령줄에서 'startx'를 입력, X window를 시작한다. 그리고 X window의 명령줄에서 'octave'라고 치면 된다. X window를 만들지 않아도 Octave는 시작하지만, 그래프가 표시되지 않으므로 주의한다.

우선은 Octave를 계산기처럼 사용해 보자.

```
> (1+2)*(3-4)*5^2
ans = -75
```

```
> exp(10)*log(5)*sin(0.5*pi)
ans = 3.5450e+04
> exit
```

exit는 Octave를 종료하는 명령어다.

2.2.3 벡터, 행렬의 연산

Octave의 특징은 벡터나 행렬을 직접 처리할 수 있는 것이다. 벡터나 행렬은 사각 괄호로 정의한다. 가로 요소는 공백으로 구분하고 세로 방향의 요소는 세미콜론으로 구분한다.

```
> A=[1 2;3 4]
A =
  1  2
  3  4
> b=[3;4]
b =
  3
  4
```

벡터와 행렬 곱셈은 스칼라값의 경우와 마찬가지로 실시한다.

```
> A*b
ans =
  11
  25
```

끝에 세미콜론을 붙이면 값을 표시하지 않는다.

```
> C=A*b;
```

간단하게, 변수 이름을 입력하면 변수 값이 표시된다.

```
> C
C =
  11
  25
```

벡터와 행렬의 **전치**(transpose)는 작은따옴표를 단다.

```
> C'
ans =
  11  25
```

행렬 요소를 지정할 때는 둥근 괄호를 이용한다.

```
> A(2,1)
ans = 3
```

또, 행렬 요소에 직접 값을 할당할 수도 있다.

```
> A(2,1)=5
A =
  1 2
  5 4
```

1열(1행)의 요소들을 모두 꺼내고 싶을 때는 콜론을 쓴다.

```
> A(:, 1)
ans =
  1
  5
```

벡터와 행렬의 스칼라 곱은 그대로 사용한다.

```
> D=3*A
D =
  3 6
  15 12
```

행렬 요소끼리의 곱셈이나 나눗셈은 다음과 같이 기술한다.

```
> A.*D
ans =
  3 12
  75 48

> A./D
ans =
  0.33333 0.33333
  0.33333 0.33333
```

열 벡터를 만들고 싶을 때는 다음과 같이 한다.

```
> e=10:5:30
e =
  10 15 20 25 30
```

여기서 2번째 인수는 수열의 간격을 나타내는데, 생략하면 1로 인식한다.

```
> f=1:4
f =
  1 2 3 4
```

2.2.4 수치 연산 함수

Octave에는 수학 연산을 위한 많은 함수가 내장되어 있다. 예를 들어,

```
> cos(2/30pi)
ans = -0.50000
```

인수에 벡터와 행렬을 지정하면, 요소마다 그 함수의 값을 계산한다.

```
> sin([1 2 3 4])
ans =
  0.84147  0.90930  0.14112  -0.75680
```

sin, cos외에도 tan, acos, atan, tanh, exp, log, sqrt 등이 있다. 각 함수의 설명은 help에서 참조할 수 있다.

```
> help exp
```

또한 자세한 내용은 doc에서 info 파일을 참조할 수 있다.

```
> doc exp
```

벡터 요소의 최댓값, 최솟값, 합, 곱은 max, min, sum, prod에 의해 얻을 수 있다.

```
>max([1 3 5 2 4])
ans = 5
```

역행렬은 inv로 계산할 수 있다.

```
> A=[1 2;3 4]; inv(A)
ans =
  -2.00000   1.00000
   1.50000  -0.50000
```

행렬의 고유벡터, 고윳값은 eig으로 구해진다.

```
> [eigvec eigval]=eig(A)
eigvec =
  -0.82456  -0.41597
   0.56577  -0.90938
eigval =
  -0.37228  0.00000
   0.00000  5.37228
```

벡디 요소의 평균, 표준 편차, 분산은 mean, std, var에서 각각 계산할 수 있다.

```
> var([1 2 3 4])
ans=1.6667
```

0에서 1사이의 균일 난수는 rand로, 기댓값 0, 분산 1의 표준 정규 분포를 따르는 난수는 randn에서 생성할 수 있다. 인수를 지정하면, 지정된 크기의 난수 행렬을 생성할 수 있다.

```
> randn(2,4)
ans =
  0.5377  -2.2588   0.3188  -0.4336
  1.8339   0.8622  -1.3077   0.3426
```

정렬은 sort 함수로 수행한다.

```
> [sorted index]=sort([7 3 6 1 2])
sorted =
  1 2 3 6 7
index =
  4 5 2 3 1
```

2.2.5 그래프 함수

Octave에는 그래프 작성을 위한 함수가 준비되어 있다. 표준적인 곡선 그래프는 plot 함수로 그린다.

```
> x=[-2:0.1:2];
> y=sin(x);
> plot(x, y);
```

히스토그램은 hist 함수로 그려진다.

```
> a=randn(1000,1);
> hist(a)
```

3차원의 그래프는 surf, mesh로, 등고선은 contour를 이용해 그린다.

```
> x=[-3:0.1:3];
> y=stdnormal_pdf(x);
> surf(y'*y);
```

그래프의 저장은 print 명령에서 실시한다. 그래프를 LaTeX 등에서 사용할 때 eps형식으로 저장하면 좋다.

```
> print -deps graph.eps
```

jpeg 파일을 만들 때는,

```
> print -djpeg graph.jpg
```

로 하면 된다.

2.2.6 Octave 프로그래밍

지금까지는, 명령줄에 직접 명령을 입력하는 방법을 이용했다. 하지만 실제로 더 복잡한 처리를 할 때는 스크립트와 함수를 사용한다.

스크립트

스크립트는, 지금까지 명령줄에 직접 입력하던 것을 미리 텍스트 파일에 기술한 것이다. 예를 들면, 적당한 텍스트 편집기에서 다음과 같은 스크립트를 작성하고, myscript.m이라는 파일 이름으로 저장한다.

```
A=[1 2;3 4];
b=[5;6];
C=A*b;
```

그리고, Octave의 명령줄에서

```
> myscript
```

라고 입력하면 스크립트의 내용이 실행된다.

반복문과 조건문

C언어 등과 마찬가지로, 반복을 원할때는 for문을 사용한다. 예를 들면, 1부터 100까지의 정수의 합을 요구하는 스크립트는 다음과 같다.

```
n=100;
a=0;
for i=1:n
  a=a+i;
end
```

단, Octave로 프로그래밍할 때는 가능하면 for문을 사용하지 않는 것이 좋다. 예를 들면, 1부터 100만까지의 정수의 합을 요구할 때, 상기의 프로그램에서 n=1000000이라고 하면 매우 시간이 걸리지만,

```
a=sum(1:1000000);
```

라고 하면, 순식간에 계산이 끝난다.

조건문에는 if문을 쓴다. 예를 들어

```
x=-10:0.1:10;
for xx=1:length(x)
  if x(xx)>0
    y(xx)=x(xx);
  else
    y(xx)=-x(xx);
  end
end
plot(x, y);
```

이 프로그램도, 이렇게 하면 매우 빠르다.

```
x=-10:0.1:10;
y=zeros(size(x));
y(x>0)=x(x>0);
y(x<=0)=-x(x<=0);
plot(x, y);
```

기타 while문, switch문도 있다.

함수

스크립트의 첫 번째 줄에서 function으로 선언하여 함수를 정의할 수 있다. 여기서는 2차원 정규 분포의 확률 밀도 함수의 값을 계산하는 함수를 정의한다. 다음 파일을 g2_pdf.m이라는 이름으로 저장한다.

```
function z=g2_pdf(x, y, mu, Sigma)
```

```
a=1/(2*pixsqrt(det(Sigma)));
v=[x;y]-mu;
z=axexp(-1/20v'*inv(Sigma)*v);
```

그리고 다음 스크립트를 실행하면, 2차원 정규 분포의 확률 밀도 함수의 3차원 그래프와 등고선 그래프가 표시 · 저장된다.

```
clear all
mu=[0;0];
Sigma=[2 1;1 2];
x=[-3:0.1:3];
y=[-3:0.1:3];
for xx=1:length(x)
  for yy=1:length(y)
    z(xx, yy)=g2_pdf(x(xx), y(yy), mu, Sigma);
  end
end

figure(1);
clf
surf(x, y, z);
view(45,60)
print-deps gauss2d_pdf_surf.eps

figure(2);
clf
contour(x, y, z);
print-deps gauss2d_pdf_contour.eps
```

연습 2.2: 2차원 정규 분포의 확률 밀도 함수의 3차원 표시 및 등고선 플롯을 만드는 그림을 작성하라(2.3-2.5 참조). 그리고 분산 공분산 행렬을 변화시키면 확률 밀도 함수의 형태가 어떻게 변화하는지를 살펴라. ■

힌트: 적당한 d차원 양수 대칭 행렬 Σ는, 예를 들어

```
> A=randn(d, d)+eye(d, d);
> Sigma=A'*A;
```

에서 생성할 수 있다. 행렬 A는 역행렬을 가지면 무엇이든지 좋다. □

힌트: 분산 공분산 행렬 Σ를 고윳값 분해(eigenvalue decomposition)한다. 즉,

$$\Sigma\phi = \lambda\phi$$

를 풀어 Σ의 고윳값(eigenvalue) $\{\lambda_j\}_{j=1}^{d}$ 과 고유벡터(eigenvector) $\{\phi_j\}_{j=1}^{d}$를 구하라. 그러면 Σ는

$$\Sigma = \lambda_1\phi_1\phi_1^\top + \lambda_2\phi_2\phi_2^\top$$

로 분해할 수 있다. 덧붙여 Σ는 양정치 대칭성을 가지기 때문에, 고유치 $\{\lambda_j\}_{j=1}^{d}$는 모두 양의 값을 가진다. □

3장 판별 함수의 평가 기준

패턴 인식 문제를 다른 말로 표현하면 판별 함수를 구성하는 문제다. 좋은 판별 함수를 구성하기 위해서는 고유 함수의 장점을 나타내는 적절한 기준이 필요하다. 이 장에서는 최대 사후 확률 법칙, 최소 오류율 법칙, 베이즈 결정 규칙, 이 3가지 표준을 설명함과 동시에 그들의 관계를 나타낸다.

3.1 학습 표본을 이용한 판별 함수의 학습

1.3절에서 언급했던 것처럼 패턴 인식기를 구성하는 것은 판별 함수를 구성하는 것(혹은 결정 영역 또는 결정 경계를 정하는 것)과 동일하다. 여기서는 패턴 $\boldsymbol{x}$ 및 카테고리 y의 통계적인 성질을 이용해 최적의 판별 함수를 구성하기로 한다.

구체적으로 어떤 카테고리에 속하는지를 알고 있는 패턴이 몇 가지 주어지는 경우에는 그것들을 사용하여 판별 함수를 구성한다. 그런 패턴을 **학습 표본**(training sample)이라고 하고

$$\{(\boldsymbol{x}_i, y_i)\}_{i=1}^{n}$$

로 표기한다. 여기서 n은 학습 표본 수다. n개의 학습 표본 중, 카테고리 y에 속하는 패턴의 표본 수를 n_y로 나타낸다. n_y는 다음 조건을 만족시

킨다.

$$\sum_{y=1}^{c} n_y = n$$

이제부터는, 학습 표본 $\{\boldsymbol{x}_i\}_{i=1}^n$이 다음 절차에 따라 독립적으로 생성되었다고 가정한다.

1. 카테고리 y_i를 $p(y)$에 따라 랜덤으로 선택한다.

2. 선택한 카테고리 y_i에 대해, 패턴 $\boldsymbol{x}_i$를 $p(\boldsymbol{x}|y = y_i)$에 따라 무작위로 추출한다.

이때, 학습 표본 $\{(\boldsymbol{x}_i, y_i)\}_{i=1}^n$는 각각 독립적으로 동시 확률 $p(\boldsymbol{x}, y)$에 따른다. 이러한 학습 표본을 **독립 동일 분포**(identically independently distributed; i.i.d.)에 따른다고 한다. 이 i.i.d. 가정은 통계적 패턴 인식 기법을 구성하는 데 매우 중요한 역할을 한다.

그런데, 학습 표본이 주어진 후, 판별 함수를 어떻게 구성하는 것이 최적일까? 여기에서는, 그림 1.4에 나타낸 필기 데이터를 예로 들어 생각해 보자. 이 필기 데이터는 256차원이라는 매우 높은 차원의 공간 내에서 분포하고 있다. 그러나 인간은 3차원까지만 인식하기 때문에, 필기의 데이터가 어떻게 분포하고 있는지를 직접 관측할 수 없다. 필기 데이터 분포를 대략적인 이미지를 파악하기 위해 **주성분 분석**(principal component analysis)이라고 부르는 방법을 이용해 256차원 데이터를 2차원으로 압축하기로 한다. 이 방법은 학습용 표본 $\{\boldsymbol{x}_i\}_{i=1}^n$의 분산 공분산 행렬의 고윳값 $\lambda_1 \geq \lambda_2 \geq \cdots \geq \lambda_d$ 과 이에 대응하는 고유벡터$\{\boldsymbol{\phi}_j\}_{j=1}^d$를 이용해 학습 표본 $\boldsymbol{x}_i$를

$$\begin{pmatrix} \boldsymbol{\phi}_1^\top \boldsymbol{x}_i \\ \boldsymbol{\phi}_2^\top \boldsymbol{x}_i \end{pmatrix}$$

로 변환한다. 단, 고유벡터 $\{\boldsymbol{\phi}_j\}_{j=1}^d$는 길이가 1로 정규화되어 있다고 가정한다. $\boldsymbol{\phi}_j^\top \boldsymbol{x}_i$는 $\boldsymbol{x}_i$를 $\boldsymbol{\phi}_j$에 **정사영**(projection)했을 때의 길이에 해당한

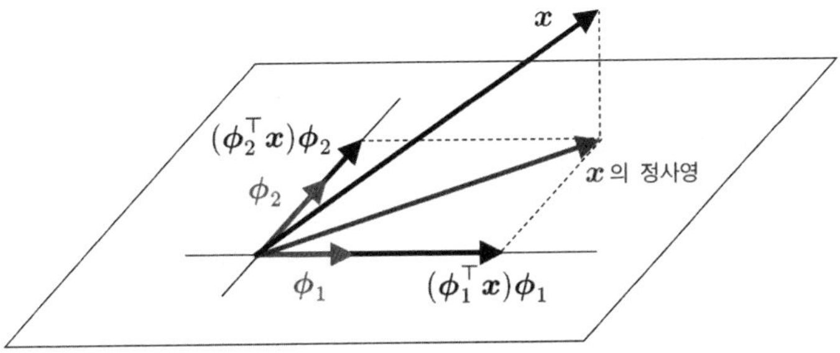

그림 3.1: 주성분 분석

다. 따라서, 위의 변환은 $\boldsymbol{x}_i$를 $\boldsymbol{\phi}_1, \boldsymbol{\phi}_2$로 2차원 **단면**(subspace)에 정사영한 것과 같다(그림 3.1). 주성분 분석은 낮은 차원 공간에서 원래의 데이터에 가장 가까운 근사치를 주기 때문에, 데이터의 **가시화**(visualization)에 자주 사용된다[13]

2차원 평면에 필기 데이터를 넣은 결과를 그림 3.2(a)에 보인다. 이 그림으로부터, 문자 '2'는 문자 '1'보다 널리 흩어져 있는지 알 수 있다. '1'이란 숫자는 누가 써도 그다지 변하지 않았지만, '2'란 숫자는 쓴 사람의 개성에 따라 크게 모양이 다르다는 사실을 확인할 수 있다.

그런데, 이런 '1'과 '2'의 학습 표본을 제대로 분리하기 위해서는 어떻게 결정 경계를 정하면 좋을까? 그림 3.2(b)는 결정 경계의 세 종류의 예를 나타낸다. 실선으로 나타낸 결정 경계는 복잡한 곡선이지만, '1'과 '2'는 제대로 분리되어 있다. 점선과 쇄선에서 제시한 결정 경계는 단순한 직선이나 매끄러운 곡선이지만 몇 개의 '1'인 데이터를 '2'로 잘못 분류하고 있다. 가지고 있는 데이터를 잘 분류한다는 의미로서는, 실선으로 나타낸 결정 경계가 점선과 쇄신에서 제시한 결정 경계보다 좋다. 그러나 패턴 인식의 진정한 목적은, 현재 가지고 있는 데이터를 올바르게 분리하는 것이 아니라 장래 나타나는 미지의 패턴을 제대로 분류하는 것, 즉 **일반화 능력**(generalization ability)을 획득하는 것이다.

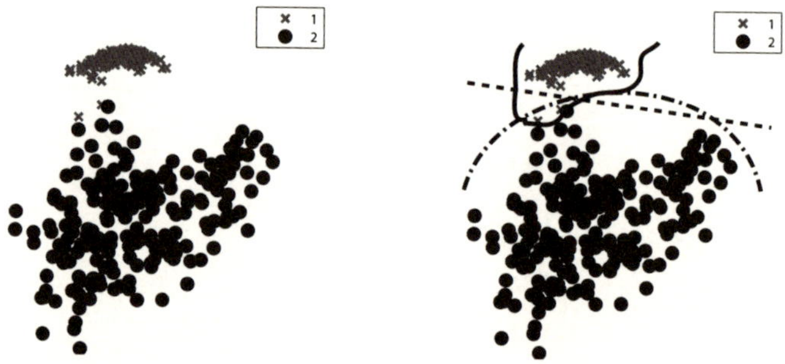

(a) 필기 데이터의 분포 (b) 결정 경계의 예

그림 3.2: 필기 데이터의 분포 이미지

패턴 인식기를 잘 구성하기 위해서는 판별 함수(혹은 결정 경계, 결정 영역)가 타당한지 평가할 수 있는 좋은 기준이 필요하다. 이 장에서는 판별 함수의 장점을 평가하는 기준 3가지를 소개하고 그들의 관계를 설명한다.

3.2 최대 사후 확률 법칙

입력 패턴이 어떤 카테고리에 속하는지를 결정할 때, 그 패턴이 속할 가능성이 가장 높은 카테고리를 고르는 것이 좋은 선택이다. 이는 사후 확률이 최대인 카테고리를 선택하는 것과 같다. 즉,

$$\widehat{y} = \underset{y}{\operatorname{argmax}}\, p(y|\boldsymbol{x})$$

에 대해, 패턴 $\boldsymbol{x}$을 카테고리 $\widehat{y}$ 로 분류한다. 'argmax'는 최댓값을 갖는 인수를 나타낸다(그림 3.3). 이러한 결정 규칙을 **최대 사후 확률 법칙**(maximum a posteriori probability rule)이라고 부른다. 이것은 결정 영역을

$$\mathcal{D}_y = \{\boldsymbol{x} \mid p(y|\boldsymbol{x}) \geq p(y'|\boldsymbol{x}) \text{ for all } y' \neq y\} \tag{3.1}$$

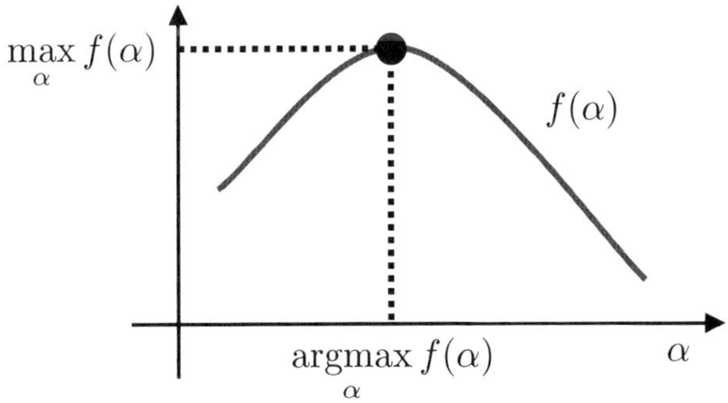

그림 3.3: max와 argmax

로 설정하는 것과 같다.

사후 확률 $p(y|\boldsymbol{x})$는

$$p(y|\boldsymbol{x}) = \frac{p(\boldsymbol{x}|y)p(y)}{p(\boldsymbol{x})}$$

로 분해할 수 있다. 우변의 분모 $p(\boldsymbol{x})$는 카테고리 y에 의존하지 않기 때문에, 사후 확률 $p(y|\boldsymbol{x})$의 최대화에는 영향을 주지 않는다. 따라서, 이후에는 분모를 무시하기로 한다.

$$p(y|\boldsymbol{x}) \propto p(\boldsymbol{x}|y)p(y)$$

'$\propto$'은 비례한다는 뜻이다. 이 사실로부터, 최대 사후 확률 법칙은 조건부 확률 $p(\boldsymbol{x}|y)$와 사전 확률 $p(y)$의 곱이 최대가 되는 분류 항목으로 패턴 $\boldsymbol{x}$를 분류하는 것을 알 수 있다.

3.3 최소 오판별률 법칙

한편, 패턴이 잘못 분류될 확률을 최소화하도록 판별 함수를 결정한다는 것도 자연스럽게 생각해 볼 수 있다. 이를 **최소 오판별률 법칙**(minimum misclassification rate rule)이라고 부른다.

카테고리 y에 속하는 패턴이 카테고리 y'으로 잘못 분류될 확률을

$$p_e(y \to y')$$

로 나타내자. $p_e(y \to y')$는 카테고리 y에 속하는 패턴 $\boldsymbol{x}$가 결정 영역 $\mathcal{D}_{y'}$에 분류된 확률에 해당하기 때문에

$$p_e(y \to y') := \int_{\boldsymbol{x} \in \mathcal{D}_{y'}} p(\boldsymbol{x}|y) d\boldsymbol{x}$$

처럼 주어진다. 여기서, y와 다른 y'들에 대한 총합을 $\sum_{y' \neq y}$로 나타내면, 카테고리 y에 속하는 패턴이 다른 카테고리로 잘못 분류될 확률 $p_e(y)$는

$$\begin{aligned}
\underbrace{p_e(y)}_{\text{오판별률}} &:= \sum_{y' \neq y} p_e(y \to y') \\
&= \sum_{y' \neq y} \int_{\boldsymbol{x} \in \mathcal{D}_{y'}} p(\boldsymbol{x}|y) d\boldsymbol{x} \\
&= \sum_{y' \neq y} \int_{\boldsymbol{x} \in \mathcal{D}_{y'}} p(\boldsymbol{x}|y) d\boldsymbol{x} + \int_{\boldsymbol{x} \in \mathcal{D}_{y}} p(\boldsymbol{x}|y) d\boldsymbol{x} - \int_{\boldsymbol{x} \in \mathcal{D}_{y}} p(\boldsymbol{x}|y) d\boldsymbol{x} \\
&= 1 - \underbrace{\int_{\boldsymbol{x} \in \mathcal{D}_{y}} p(\boldsymbol{x}|y) d\boldsymbol{x}}_{\text{정답률}}
\end{aligned}$$

로 나타낼 수 있다. 맨 마지막 식의 두 번째 항은 카테고리 y에 속하는 패턴이 올바른 범주 y로 분류될 확률, 즉 정답률이다. 이 사실로부터, 오판별률은 1에서 정답률을 뺀 것이라는 사실을 확인할 수 있다.

여기서 전체의 오류 판별률을 p_e로 나타낸다. p_e는 $p_e(y)$를 모든 카테고리에 대해 평균을 구한 것이기 때문에

$$p_e := \sum_{y=1}^{c} p_e(y) p(y)$$

로 주어진다. 최소 오판별률 법칙에서는 이 p_e를 최소화하는 판별 함수를 결정한다.

그런데, 전체의 오류 판별률 p_e는 다음과 같이 변형될 수 있다.

$$\begin{aligned} p_e &= \sum_{y=1}^{c}\left(1-\int_{\boldsymbol{x}\in\mathcal{D}_y} p(\boldsymbol{x}|y)d\boldsymbol{x}\right)p(y) \\ &= \sum_{y=1}^{c} p(y) - \sum_{y=1}^{c}\int_{\boldsymbol{x}\in\mathcal{D}_y} p(\boldsymbol{x}|y)p(y)d\boldsymbol{x} \\ &= 1-\sum_{y=1}^{c}\int_{\boldsymbol{x}\in\mathcal{D}_y} p(\boldsymbol{x},y)d\boldsymbol{x} \\ &= 1-\sum_{y=1}^{c}\int_{\boldsymbol{x}\in\mathcal{D}_y} p(y|\boldsymbol{x})p(\boldsymbol{x})d\boldsymbol{x} \end{aligned}$$

따라서, 전체의 오류 판별률 p_e를 최소화하기 위해서는 제2항

$$\sum_{y=1}^{c}\int_{\boldsymbol{x}\in\mathcal{D}_y} p(y|\boldsymbol{x})p(\boldsymbol{x})d\boldsymbol{x}$$

이 최대가 되도록 결정 영역 $\{\mathcal{D}_y\}_{y=1}^{c}$를 정하면 된다. 이것은, 모든 $y'(\neq y)$에 대해 $p(y|\boldsymbol{x}) \geq p(y'|\boldsymbol{x})$이 성립하는 $\boldsymbol{x}$ 전체를 $\mathcal{D}_y$이라고 하는 것, 즉 식(3.1)에 의해 달성된다. 따라서, 오판별률을 최소로 하는 것과 사후 확률을 최대로 하는 것은 같다.

3.4 베이즈 결정 규칙

최소 오판별률 법칙에 따르면 강수 확률이 40%일 때는 비가 오지 않는다고 판별한다. 비가 오지 않는다면 우산을 가지고 나갈 필요는 없지만, 많은 사람은 강수 확률이 40%이면 우산을 가지고 나갈 것이다. 왜냐하면 우산을 가져가 비가 오지 않았을 때의 손실(가방이 조금 무거워진다)과 우산을 가져가지 않고 비가 왔을 때의 손실(비에 젖어 감기에 걸림)을 비교하면 후자가 훨씬 크기 때문이다(그림 3.4). 이런 생각을 바탕으로 잘못 판별했을 때의 손실을 최소화하는 판별 방법을 **베이즈 결정 규칙**(Bayes decision rule)이라고 부른다.

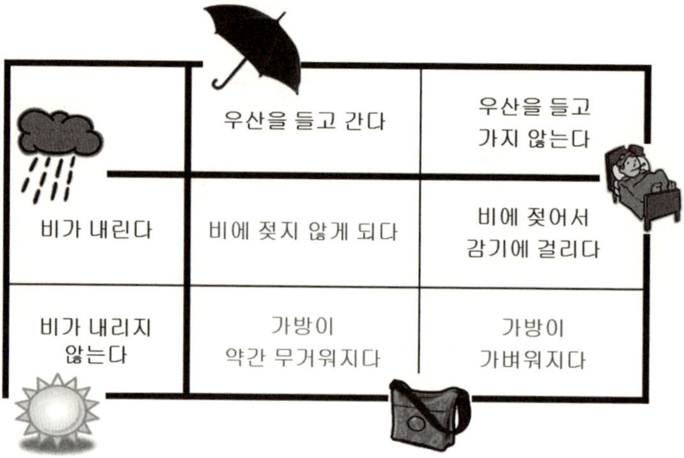

그림 3.4: 비대칭 손실의 예

카테고리 y에 속하는 패턴을 잘못된 카테고리 y'에 분류했을 때의 **손실**(loss)을 $\ell_{y,y'}$로 나타낸다. 패턴 $\boldsymbol{x}$가 카테고리 y에 속할 확률은, 사후 확률 $p(y|\boldsymbol{x})$다. 따라서, 패턴 $\boldsymbol{x}$를 카테고리 y'에 분류했을 때의 손실의 기댓값은,

$$R(y'|\boldsymbol{x}) := \sum_{y=1}^{c} \ell_{y,y'} p(y|\boldsymbol{x})$$

와 같다. 이것을 패턴 $\boldsymbol{x}$가 주어졌을 때의 **조건부 위험**(conditional risk)이라고 부른다.

베이즈 결정 규칙으로 조건부 위험을 최소화하는 방법은

$$\widehat{y} = \underset{y}{\operatorname{argmin}}\, R(y|\boldsymbol{x})$$

에 대해, 패턴 $\boldsymbol{x}$를 카테고리 $\widehat{y}$로 분류하는 것이다. 이것은 결정 영역을

$$\mathcal{D}_y = \{\boldsymbol{x} \mid R(y|\boldsymbol{x}) \leq R(y'|\boldsymbol{x}) \text{ for all } y' \neq y\}.$$

로 설정하는 것과 동일하다. 조건부 위험을 모든 $\boldsymbol{x}$에 대해 기댓값을 취한

것을 R로 표시하고, **전체 위험**(total risk)이라고 부른다.

$$R := \int_{\mathcal{D}} R(\widehat{y}|\boldsymbol{x})p(\boldsymbol{x})d\boldsymbol{x}$$

단, $\widehat{y}$는 판별기에서 출력된 값이다. 베이즈 결정 규칙에 대한 전체 위험 값을 **베이즈 위험**(Bayes risk)이라고 부른다.

올바르게 판별한 경우의 손실이 0, 잘못 판별한 경우 손실이 카테고리에 관계 없이 일정한 값 ℓ을 가질 때, 즉 $\ell_{y,y'}$이

$$\ell_{y,y'} = \begin{cases} 0 & y = y' \\ \ell & y \neq y' \end{cases}$$

처럼 주어질 때, 조건부 리스크는

$$\begin{aligned} R(y|\boldsymbol{x}) &= \ell \sum_{y' \neq y} p(y'|\boldsymbol{x}) \\ &= \ell \left(\sum_{y'=1}^{c} p(y'|\boldsymbol{x}) - p(y|\boldsymbol{x}) \right) \\ &= \ell \left(1 - p(y|\boldsymbol{x})\right) \end{aligned} \tag{3.2}$$

와 같다. ℓ의 값은 조건부 위험 $R(y|\boldsymbol{x})$의 최소화와 무관하므로 식 (3.2)의 최소화는 사후 확률 $p(y|\boldsymbol{x})$의 최대화와 동일하다. 이 때문에, 손실 $\ell_{y,y'}$이 카테고리 y, y'에 관계없이 일정한 값을 갖는 경우, 베이즈 결정 규칙은 최대 사후 확률 법칙과(나아가서는 최소 오판별률 법칙과도) 일치하는 것을 알 수 있다.

연습 3.1: 잘못 판별한 경우 분류 항목에 따라 손실이 다른 패턴 인식의 예를 생각하고, 이 예에서 손실값은 구체적으로 어느 정도의 값이 될까 생각하라. ■

3.5 생성 모델 기반 패턴 인식

판별 함수의 장점을 평가하는 기준으로 최대 사후 확률 법칙, 최소 오판별률 법칙, 베이즈 결정 규칙, 이렇게 세 가지를 제시했다. 이 중, 최소 오판별률 법칙과 최대 사후 확률 법칙은 일치하고, 손실이 일정한 경우의 베이즈 결정 규칙은 최대 사후 확률 법칙과 최대 오판별률 법칙과 일치하는 것을 밝혔다. 이들 세 가지의 평가 기준 가운데, 베이즈 결정 규칙을 이용하는 것이 가장 자연스럽다고 생각할 수 있지만, 현실에서는 손실 $\ell_{y,y'}$의 값이 분명하지 않거나 계산이 복잡하다는 이유로 최대 사후 확률 법칙(혹은 최소 오판별률 규칙)이 이용되는 경우가 많다. 이 책에서도 최대 사후 확률 법칙을 사용한다.

최대 사후 확률 법칙에 따라 판별 함수를 설계하기 위해서는 사후 확률 $p(y|\boldsymbol{x})$을 학습 표본에서 추정해야 한다. 그러나, 다른 카테고리에 속하는 동일한 패턴 $\boldsymbol{x}$가 학습 표본으로 주어지는 것은 극히 드물기 때문에, 사후 확률 $p(y|\boldsymbol{x})$을 학습 표본에서 직접 추정하는 것은 어렵다. 그래서 사전 확률 $p(y)$와 조건부 확률 $p(\boldsymbol{x}|y)$를 학습 표본에서 추정하기로 하고,

$$p(y|\boldsymbol{x}) \propto p(\boldsymbol{x}|y)p(y)$$

에 따라 사후 확률 $p(y|\boldsymbol{x})$의 크기를 판단하기로 한다.

$p(\boldsymbol{x}|y)$와 $p(y)$의 곱은 동시 확률 $p(\boldsymbol{x}, y)$와 일치한다.

$$p(\boldsymbol{x}|y)p(y) = p(\boldsymbol{x}, y)$$

따라서, $p(\boldsymbol{x}|y)$와 $p(y)$를 추정하는 것은 $p(\boldsymbol{x}, y)$를 추정하는 것과 동일하다. 3.1절에서 설명한 것처럼, 동시 확률 $p(\boldsymbol{x}, y)$는 학습 표본의 생성에 사용하는 확률이다. 따라서, $p(y)$와 $p(\boldsymbol{x}|y)$의 추정을 통해 판별 함수를 구성하는 접근 방법은, **생성 모델**(generative model)에 따르는 패턴 인식이라고 한다.

이산 확률 변수인 카테고리 y의 확률 함수 $p(y)$는, 단순히 각 카테고리에 포함된 학습 표본의 비율로 추정하는 것이 많다. 즉,

$$\widehat{p}(y) = \frac{n_y}{n} \tag{3.3}$$

n_y는 카테고리 y에 속하는 학습 표본 수, n는 모든 학습 표본 수를 나타낸다. 한편, 연속 확률 변수인 패턴 $\boldsymbol{x}$의 조건부 확률 밀도 함수 $p(\boldsymbol{x}|y)$는 그런 단순한 방법으로는 추정할 수 없다. 앞으로의 장에서는, 연속 확률 변수에 대한 확률 밀도 함수의 다양한 유추법에 대해 말한다.

이후에는 표기를 간단히 하기 위해 조건부가 아닌 확률 밀도 함수 $p(\boldsymbol{x})$를 학습 표본 $\{\boldsymbol{x}_i\}_{i=1}^n$에서 추정하는 문제를 생각하기로 한다. 조건부가 아닌 확률 밀도 함수 $p(\boldsymbol{x})$의 추정법을 조건부 확률 밀도 함수 $p(\boldsymbol{x}|y)$ 추정에 이용하기 위해서는 모든 학습 표본 $\{\boldsymbol{x}_i\}_{i=1}^n$가 아닌, 카테고리 y에 속하는 n_y개의 학습 표본 $\{\boldsymbol{x}_i\}_{i:y_i=y}$만을 사용하면 된다.

확률 밀도 함수의 추정법은 **파라메트릭 방법**(parametric method)과 **논파라메트릭 방법**(nonparametric method)으로 분류할 수 있다. 파라메트릭 방법에서는 유한개의 파라미터(매개 변수)로 구성된 확률 밀도 함수의 집합 중에서 진정한 확률 밀도 함수를 가장 잘 근사하는 것을 선택한다. 예를 들면, 가우스 함수(정규 분포)를 사용하는 경우는 기댓값 벡터와 분산 공분산 행렬이 파라미터이며, 이 파라미터들을 학습 표본을 이용하여 결정한다. 이러한 확률 밀도 함수의 집합을 **파라메트릭 모델**(parametric model)이라고 부른다. 일단 파라메트릭 모델을 생각하면, 확률 밀도 함수의 추정 문제는 모델의 파라미터 값을 결정하는 문제가 된다. 한편, 논파라메트릭 방법은 파라메트릭 모델을 이용하지 않는 방법이다. 이후의 장에서는, 다양한 파라메트릭 방법, 논파라메트릭 방법을 소개한다.

4장 최대 우도 추정법

최대 우도 추정법(maximum likelihood estimation)은 영국의 통계학자 피셔(Fisher)가 20세기에 고안한 파라미터의 추정법이다. 최대 우도 추정법은, 이론적인 장점과 높은 실용성 때문에, 현재에도 통계적 기계 학습의 주요 방법으로 사용되고 있다. 이 장에서는 최대 우도 추정법의 정의를 나타냄과 동시에, 가우시안 모델에 대한 구체적인 최우 추정량의 계산 방법과 패턴 인식에 적용 방법을 설명한다.

4.1 최대 우도 추정법의 정의

유한개의 파라미터에 의해 설명된 확률 밀도 함수의 집합을 **파라메트릭 모델**(parametric model)이라고 부른다. 파라메트릭 모델을 $q(\boldsymbol{x};\boldsymbol{\theta})$, 파라미터를 $\boldsymbol{\theta}$, 파라미터의 정의역을 Θ로 각각 나타낸다. 또, 파라미터 벡터 $\boldsymbol{\theta}$의 차원을 t로 나타낸다.

$$\boldsymbol{\theta} = (\theta^{(1)}, \ldots, \theta^{(t)})^\top$$

$q(\boldsymbol{x};\boldsymbol{\theta})$처럼 세미콜론 ';' 뒤에 기록하여 파라미터 $\boldsymbol{\theta}$와 확률 변수 $\boldsymbol{x}$를 구별한다.

확률 밀도 함수를 근사할 때, 가지고 있는 학습 표본 $\{\boldsymbol{x}\}_{i=1}^{n}$가 가장 발생하기 쉽도록 파라미터 $\boldsymbol{\theta}$의 값을 정하는 방법을 자연스럽게 생각해 볼 수 있다. 이때 파라미터 $\boldsymbol{\theta}$에서 현재 학습 표본 $\{\boldsymbol{x}\}_{i=1}^{n}$가 일어날 확률을 생각해 보자. 이 확률을 파라미터 $\boldsymbol{\theta}$의 함수로 보는 것을 **우도**(likelihood)라고 부르고, 그 대문자를 따서 $L(\boldsymbol{\theta})$로 나타낸다. i.i.d.의 가정(3.1 부분 참조)하에서 우도는

$$L(\boldsymbol{\theta}) := \prod_{i=1}^{n} q(\boldsymbol{x}_i; \boldsymbol{\theta})$$

로 주어진다. 이 우도가 최대가 되도록 매개 변수의 값을 결정하는 방법이 최대 우도 추정법이다. 즉, 최대 우도 추정법에 의해서 얻을 수 있는 매개 변수 값 $\widehat{\boldsymbol{\theta}}_{\mathrm{ML}}$는

$$\widehat{\boldsymbol{\theta}}_{\mathrm{ML}} := \underset{\boldsymbol{\theta} \in \Theta}{\operatorname{argmax}}\ L(\boldsymbol{\theta})$$

과 같다. 'ML'은 maximum likelihood의 약자이다. 최대 우도 추정법에 의해 얻어진 매개 변수 $\widehat{\boldsymbol{\theta}}_{\mathrm{ML}}$를 이용해 확률 밀도 함수 $p(\boldsymbol{x})$는 다음 식에서 추정된다.

$$\widehat{p}(\boldsymbol{x}) = q(\boldsymbol{x}; \widehat{\boldsymbol{\theta}}_{\mathrm{ML}})$$

파라메트릭 모델 $q(\boldsymbol{x}; \boldsymbol{\theta})$가 $\boldsymbol{\theta}$에 대해서 미분 가능할 때, 최대 우도 추정법은 다음 식을 만족한다.

$$\left. \frac{\partial}{\partial \boldsymbol{\theta}} L(\boldsymbol{\theta}) \right|_{\boldsymbol{\theta} = \widehat{\boldsymbol{\theta}}_{\mathrm{ML}}} = \mathbf{0}_t \tag{4.1}$$

$\mathbf{0}_t$는 t차원 영벡터이다. $\frac{\partial}{\partial \boldsymbol{\theta}}$는 $\boldsymbol{\theta}$에 관한 **편미분**(partial derivative)을 나타내고, 벡터 $\boldsymbol{\theta}$에서 편미분은 제ℓ성분이 $\frac{\partial}{\partial \theta^{(\ell)}}$의 벡터를 나타낸다.

$$\frac{\partial}{\partial \boldsymbol{\theta}} = \left(\frac{\partial}{\partial \theta^{(1)}}, \ldots, \frac{\partial}{\partial \theta^{(t)}} \right)^{\top}$$

식 (4.1)은, **우도 방정식**(likelihood equation)이라고 불린다. 우도 방정식은 최대 우도 추정법의 해의 **필요조건**(necessary condition)이다. 즉, 최대 우도 추정법의 해는 우도 방정식을 만족시킨다. 그러나 우도 방정식은 일반적으로 최대 우도 추정법의 해의 **충분조건**(sufficient condition)

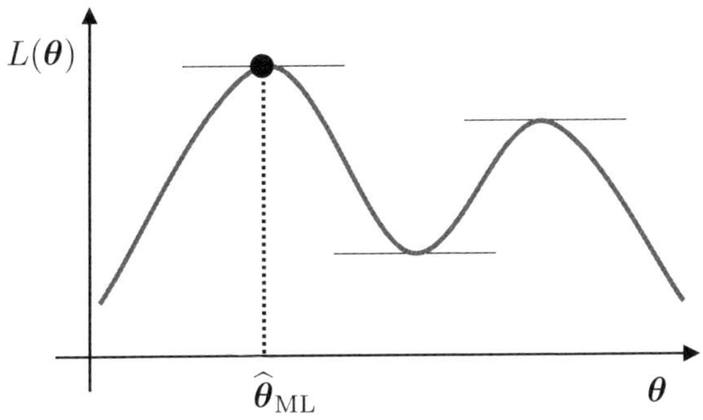

그림 4.1: 우도 방성식(우도의 편미분이 0)은 최우 추정의 필요조건이지만 일반적으로 충분조건은 아니다.

이 아니기 때문에 주의가 필요하다. 즉, 식 (4.1)을 푼다고 최대 우도 추정량을 얻는 것은 아니다(그림 4.1).

로그 함수 log는 단조 증가이기 때문에, 우도에 로그를 씌우더라도 그 대소 관계는 변하지 않는다(그림 4.2). 따라서, 우도를 최대화하는 파라미터는, 로그를 취한 우도를 최대화하는 파라미터와 일치한다.

$$\begin{aligned}\widehat{\boldsymbol{\theta}}_{\mathrm{ML}} &= \underset{\boldsymbol{\theta}\in\Theta}{\mathrm{argmax}}\ \log L(\boldsymbol{\theta}) \\ &= \underset{\boldsymbol{\theta}\in\Theta}{\mathrm{argmax}} \left[\sum_{i=1}^{n} \log q(\boldsymbol{x}_i;\boldsymbol{\theta})\right]\end{aligned}$$

우도의 로그값을, **로그 우도**(log likelihood)라고 부른다. 최적화 문제를 풀 때 **목적 함수**(objective function)를 덧셈하는 것이 더 쉽기 때문에, 실제로 최대 우도 추정량을 구할 때에는 우도가 아닌 로그 우도를 이용하는 것이 많다. 로그 우도에 대한 우도 방정식은

$$\left.\frac{\partial}{\partial\boldsymbol{\theta}} \log L(\boldsymbol{\theta})\right|_{\boldsymbol{\theta}=\widehat{\boldsymbol{\theta}}_{\mathrm{ML}}} = \mathbf{0}_t$$

와 같다.

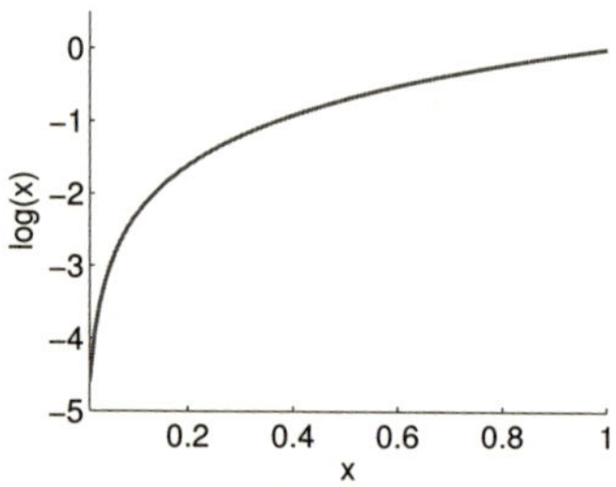

그림 4.2: 로그 함수는 단조 증가 함수다.

최대 우도 추정량의 구체적인 계산 방법은 사용하는 파라메트릭 모델에 따라 달라진다. 본 장에서는 **가우시안 모델**(Gauss model)에 대한 최대 우도 추정 계산법을 보이고, 8장에서 **혼합 가우시안 모델**(Gaussian mixture model)에 대한 최대 우도 추정량 계산법을 소개한다.

4.2 가우시안 모델

2.1절에서 가우시안 분포(정규 분포)에 대해 설명했다. 가우시안 모델은 가우시안 분포를 파라메트릭 모델로 사용한 것이다. d차원 패턴 $\boldsymbol{x}$에 대한 일반형은 다음 식으로 표현된다.

$$q(\boldsymbol{x}; \boldsymbol{\mu}, \boldsymbol{\Sigma}) = \frac{1}{(2\pi)^{\frac{d}{2}} \det(\boldsymbol{\Sigma})^{\frac{1}{2}}} \exp\left(-\frac{1}{2}(\boldsymbol{x} - \boldsymbol{\mu})^\top \boldsymbol{\Sigma}^{-1} (\boldsymbol{x} - \boldsymbol{\mu}) \right)$$

d차원 벡터 $\boldsymbol{\mu}$와 $d \times d$ 행렬 $\boldsymbol{\Sigma}$는 가우스 모델의 파라미터이며, $\det(\cdot)$는 행렬식을 나타낸다. $\boldsymbol{\Sigma}$는 **양정치 행렬**(positive definite matrix)이고 **대칭 행렬**(symmetric matrix)이어야 한다. 즉, 그 뜻은 $\boldsymbol{\Sigma}$는 $\boldsymbol{\Sigma}^\top = \boldsymbol{\Sigma}$를 만족하고 또한, 모든 0이 아닌 벡터 $\boldsymbol{\varphi}$에 대하여

$$\boldsymbol{\varphi}^\top \boldsymbol{\Sigma} \boldsymbol{\varphi} > 0$$

를 만족시켜야 한다.

가우시안 모델의 특징은 매개 변수 $\boldsymbol{\mu}$와 $\boldsymbol{\Sigma}$가 각각 분포의 기댓값과 분산 공분산 행렬에 해당한다는 것이다. 즉 아래의 관계가 성립한다.

$$\begin{cases} \boldsymbol{\mu} = \mathbb{E}_{\boldsymbol{x}}[\boldsymbol{x}] = \displaystyle\int \boldsymbol{x} q(\boldsymbol{x}; \boldsymbol{\mu}, \boldsymbol{\Sigma}) d\boldsymbol{x} \\ \boldsymbol{\Sigma} = \mathbb{V}_{\boldsymbol{x}}[\boldsymbol{x}] = \displaystyle\int (\boldsymbol{x} - \boldsymbol{\mu})(\boldsymbol{x} - \boldsymbol{\mu})^\top q(\boldsymbol{x}; \boldsymbol{\mu}, \boldsymbol{\Sigma}) d\boldsymbol{x} \end{cases}$$

가우시안 모델의 우도 방정식은 다음과 같이 주어진다.

$$\begin{cases} \dfrac{\partial}{\partial \boldsymbol{\mu}} \log L(\boldsymbol{\mu}, \boldsymbol{\Sigma}) \Big|_{\boldsymbol{\mu} = \widehat{\boldsymbol{\mu}}_{\mathrm{ML}}} = \mathbf{0}_d \\ \dfrac{\partial}{\partial \boldsymbol{\Sigma}} \log L(\boldsymbol{\mu}, \boldsymbol{\Sigma}) \Big|_{\boldsymbol{\Sigma} = \widehat{\boldsymbol{\Sigma}}_{\mathrm{ML}}} = \mathbf{0}_{d \times d} \end{cases}$$

이 우도 방정식을 풀면, $\boldsymbol{\mu}, \boldsymbol{\Sigma}$의 최우 추정 값 $\widehat{\boldsymbol{\mu}}_{\mathrm{ML}}, \widehat{\boldsymbol{\Sigma}}_{\mathrm{ML}}$가 얻어진다.

$$\begin{cases} \widehat{\boldsymbol{\mu}}_{\mathrm{ML}} = \dfrac{1}{n} \displaystyle\sum_{i=1}^{n} \boldsymbol{x}_i \\ \widehat{\boldsymbol{\Sigma}}_{\mathrm{ML}} = \dfrac{1}{n} \displaystyle\sum_{i=1}^{n} (\boldsymbol{x}_i - \widehat{\boldsymbol{\mu}}_{\mathrm{ML}})(\boldsymbol{x}_i - \widehat{\boldsymbol{\mu}}_{\mathrm{ML}})^\top \end{cases} \tag{4.2}$$

이것은 기댓값의 추정값이 **표본 평균**(sample mean)임을, 분산 공분산 행렬의 추정값이 **표본 분산 공분산 행렬**(sample variance-covariance matrix)임을 의미한다.

연습 4.1: 식 (4.2)**를 증명하여라.** ■

힌트: 이 공식을 사용하면 좋다.

$$\frac{\partial}{\partial \boldsymbol{\mu}} \boldsymbol{\mu}^\top \boldsymbol{\Sigma} \boldsymbol{\mu} = 2\boldsymbol{\Sigma}\boldsymbol{\mu}, \qquad \frac{\partial}{\partial \boldsymbol{\mu}} \boldsymbol{\mu}^\top \boldsymbol{\Sigma} \boldsymbol{x} = \boldsymbol{\Sigma}\boldsymbol{x},$$

$$\frac{\partial}{\partial \boldsymbol{\Sigma}} \boldsymbol{x}^\top \boldsymbol{\Sigma}^{-1} \boldsymbol{x} = -\boldsymbol{\Sigma}^{-1} \boldsymbol{x}^\top \boldsymbol{x} \boldsymbol{\Sigma}^{-1}, \qquad \frac{\partial}{\partial \boldsymbol{\Sigma}} \log(\det(\boldsymbol{\Sigma})) = \boldsymbol{\Sigma}^{-1}$$

□

위의 가우시안 모델은 일반 (양정치 대칭의) 분산 공분산 행렬 $\boldsymbol{\Sigma}$을 사용하였으나, 좀 더 단순화된, 공분산이 없는 가우시안 모델을 생각할 수도 있다. 이것은, 분산 공분산 행렬 $\boldsymbol{\Sigma}$이 대각 행렬일 경우에만 해당하고, $\boldsymbol{\Sigma}$의 i번째 대각 성분을 $(\sigma^{(i)})^2$로 나타내면, 공분산이 없는 가우시안 모델은

$$q(\boldsymbol{x};\boldsymbol{\mu},\sigma^{(1)},\ldots,\sigma^{(d)}) = \prod_{j=1}^{d} \frac{1}{\sqrt{2\pi(\sigma^{(j)})^2}} \exp\left(-\frac{(x^{(j)}-\mu^{(j)})^2}{2(\sigma^{(j)})^2}\right)$$

로 표현된다. 여기서, $x^{(j)}$와 $\mu^{(j)}$는 각각 $\boldsymbol{x}$와 $\boldsymbol{\mu}$의 j번째 성분을 나타낸다. $\sigma^{(j)}$의 최우 추정량은

$$\widehat{\sigma}_{\mathrm{ML}}^{(j)} = \sqrt{\frac{1}{n}\sum_{i=1}^{n}(x_i^{(j)}-\mu_i^{(j)})^2} \tag{4.3}$$

로 주어진다.

더욱 단순화하여, 모든 분산 $(\sigma^{(j)})^2$가 동일한 가우시안 모델을 생각할 수 있다. 공통의 분산을 σ^2로 표기하게 하면, 공분산이 없는 가우시안 모델은,

$$q(\boldsymbol{x};\boldsymbol{\mu},\sigma) = \frac{1}{(2\pi\sigma^2)^{\frac{d}{2}}} \exp\left(-\frac{(\boldsymbol{x}-\boldsymbol{\mu})^\top(\boldsymbol{x}-\boldsymbol{\mu})}{2\sigma^2}\right) \tag{4.4}$$

로 나타낸다. 여기서 σ의 최우 추정량은

$$\widehat{\sigma}_{\mathrm{ML}} = \sqrt{\frac{1}{nd}\sum_{i=1}^{n}(\boldsymbol{x}_i-\boldsymbol{\mu})^\top(\boldsymbol{x}_i-\boldsymbol{\mu})} = \sqrt{\frac{1}{d}\sum_{j=1}^{d}(\widehat{\sigma}_{\mathrm{ML}}^{(j)})^2} \tag{4.5}$$

와 같이 주어진다.

연습 4.2: 식 (4.3)**와** (4.5)**를 증명하여라.** ■

연습 4.3: Octave 등을 이용해 아래의 실험을 하라. 기댓값 0**, 분산** 1 **의 표준 정규 분포에 독립으로 따르는 표본을** n**개 생성하고 식** (4.4)**의**

가우시안 모델의 파라미터 μ, σ^2를 최우 추정법으로 구하라. 그리고 실제 표준 정규 분포 및 최우 추정법으로 구한 분포의 확률 밀도 함수를 그래프로 나타낸다. 또, 표본 수 n을 변화시켰을 때, 추정 결과가 어떻게 변화할지도 생각해 보자. ■

힌트: 프로그램의 예를 그림 4.3에 제시한다. □

```
clear all
n=5; mu=0; sigma=1;
xx=sigma*randn(n,1)+mu;
mu_MLE=mean(xx); sigma_MLE=std(xx,1);

x=-4:0.1:4;
y=normal_pdf(x,mu,sigma);
y_MLE=normal_pdf(x,mu_MLE,sigma_MLE);
plot(x,y,'r-',x,y_MLE,'b-');
legend('true','estimated');
print -deps gauss1d_pdf.eps
```

그림 4.3: 1차원 가우시안 모델의 최우 추정 프로그램의 예

4.3 카테고리의 사후 확률 계산

각 카테고리 y의 조건부 확률 $p(\boldsymbol{x}|y)$를 가우시안 모델로 추정하는 경우를 생각한다.

$$\widehat{p}(\boldsymbol{x}|y) = \frac{1}{(2\pi)^{\frac{d}{2}} \det(\widehat{\boldsymbol{\Sigma}}_y)^{\frac{1}{2}}} \exp\left(-\frac{1}{2}(\boldsymbol{x} - \widehat{\boldsymbol{\mu}}_y)^\top \widehat{\boldsymbol{\Sigma}}_y^{-1} (\boldsymbol{x} - \widehat{\boldsymbol{\mu}}_y)\right)$$

여기서, $\widehat{\boldsymbol{\mu}}_y$와 $\widehat{\boldsymbol{\Sigma}}_y$는 카테고리 y에 속하는 패턴의 기댓값과 분산 공분산 행렬의 추정량이다.

그림 4.2와 같이 로그 함수는 단조 증가이기 때문에, 사후 확률은 로그를 씌워도 그 대소 관계가 변하지 않는다. 실제로도 사후 확률 그 자체를 최대화하는 판별 함수를 구하는 것보다, 로그를 취한 사후 확률을 최대화하는 판별 함수를 구하는 편이 계산에 용이한 때가 많다.

$$p(y|\boldsymbol{x})p(\boldsymbol{x}) = p(\boldsymbol{x}, y) = p(\boldsymbol{x}|y)p(y)$$

로부터 다음 식이 얻어진다.

$$\log p(y|\boldsymbol{x}) = \log p(\boldsymbol{x}|y) + \log p(y) - \log p(\boldsymbol{x})$$

식 (3.3)에 나타낸 바와 같이, 이산적인 확률 변수인 y의 확률 함수 $p(y)$는 단순히 각 카테고리에 포함되는 학습 표본의 비율

$$\widehat{p}(y) = \frac{n_y}{n}$$

로 추정하는 것으로 한다. n_y는 카테고리 y에 속하는 학습 표본의 수, n은 모든 학습 표본의 수를 나타낸다. 이때, 다음 식과 같은 로그 사후

확률 $\log p(y|\boldsymbol{x})$의 추정치를 얻을 수 있다.

$$\begin{aligned}\log \widehat{p}(y|\boldsymbol{x}) &= \log \widehat{p}(\boldsymbol{x}|y) + \log \widehat{p}(y) - \log p(\boldsymbol{x}) \\ &= -\frac{d}{2}\log(2\pi) - \frac{1}{2}\log\left(\det(\widehat{\boldsymbol{\Sigma}}_y)\right) \\ &\quad - \frac{1}{2}(\boldsymbol{x} - \widehat{\boldsymbol{\mu}}_y)^\top \widehat{\boldsymbol{\Sigma}}_y^{-1}(\boldsymbol{x} - \widehat{\boldsymbol{\mu}}_y) + \log\frac{n_y}{n} - \log p(\boldsymbol{x}) \\ &= -\frac{1}{2}(\boldsymbol{x} - \widehat{\boldsymbol{\mu}}_y)^\top \widehat{\boldsymbol{\Sigma}}_y^{-1}(\boldsymbol{x} - \widehat{\boldsymbol{\mu}}_y) - \frac{1}{2}\log\left(\det(\widehat{\boldsymbol{\Sigma}}_y)\right) \\ &\quad + \log n_y + C \end{aligned} \tag{4.6}$$

C는 카테고리 y에 따르지 않는 정수다. 이와 같이, 조건부 확률 $p(\boldsymbol{x}|y)$가 정규 분포에서 주어지는 경우, 로그 사후 확률은 $\boldsymbol{x}$의 **2차 형식**(quadratic form)이 된다.

위 식의 첫 번째 항에 있는

$$(\boldsymbol{x} - \widehat{\boldsymbol{\mu}})^\top \widehat{\boldsymbol{\Sigma}}^{-1}(\boldsymbol{x} - \widehat{\boldsymbol{\mu}})$$

는, $\boldsymbol{x}$와 $\widehat{\boldsymbol{\mu}}$의 **마할라노비스 거리**(Mahalanobis distance)라고 불린다. 마할라노비스 거리는, $\widehat{\boldsymbol{\Sigma}}$에 의해서 정해진다. **초타원체**(hyper ellipsoid) 상의 점을 등거리로 간주한 거리 척도다. 이것을 설명하기 위해서, 우선 분산 공분산 행렬 $\widehat{\boldsymbol{\Sigma}}$를 **고윳값 분해**(eigenvalue decomposition)해 보자.

$$\widehat{\boldsymbol{\Sigma}}\boldsymbol{\phi} = \lambda\boldsymbol{\phi}$$

$\boldsymbol{\Sigma}$의 **고윳값**(eigenvalue)과 **고유벡터**(eigenvector)를 각각 $\{\lambda_j\}_{j=1}^d$과 $\{\boldsymbol{\phi}_j\}_{j=1}^d$로 표기한다. 이때 $\{\boldsymbol{\phi}_j\}_{j=1}^d$는 서로 직교한다. 고윳값과 고유벡터를 이용하여 $\widehat{\boldsymbol{\Sigma}}$는

$$\widehat{\boldsymbol{\Sigma}} = \sum_{j=1}^{d} \lambda_j \boldsymbol{\phi}_j \boldsymbol{\phi}_j^\top$$

라고 표현할 수 있다. 이때, 역행렬 $\widehat{\boldsymbol{\Sigma}}^{-1}$은

$$\widehat{\boldsymbol{\Sigma}}^{-1} = \sum_{j=1}^{d} \frac{1}{\lambda_j} \boldsymbol{\phi}_j \boldsymbol{\phi}_j^\top$$

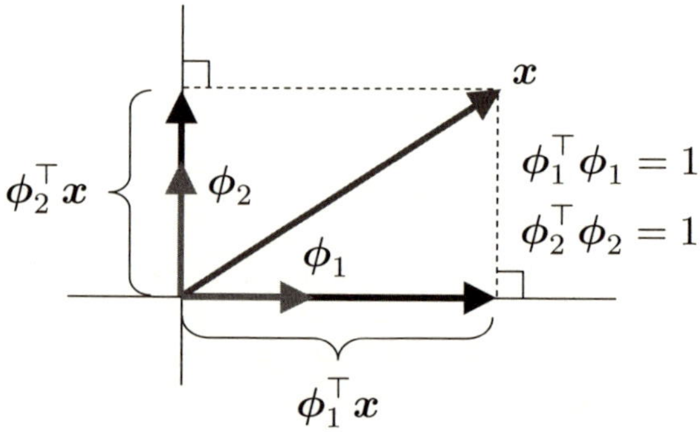

그림 4.4: 정사영

처럼 나타낼 수 있다. 이것을 이용하면 마할라노비스 거리는

$$(\boldsymbol{x}-\widehat{\boldsymbol{\mu}})^\top \widehat{\boldsymbol{\Sigma}}^{-1}(\boldsymbol{x}-\widehat{\boldsymbol{\mu}}) = \sum_{j=1}^{d} \frac{(\boldsymbol{\phi}_j^\top(\boldsymbol{x}-\widehat{\boldsymbol{\mu}}))^2}{\lambda_j}$$

와 같이 표현된다. $\boldsymbol{\phi}_j^\top(\boldsymbol{x}-\widehat{\boldsymbol{\mu}})$는 벡터 $\boldsymbol{x}-\widehat{\boldsymbol{\mu}}$를 $\boldsymbol{\phi}_j$의 방향으로 정사영했을 때의 길이에 해당한다(그림 4.4). 따라서 마할라노비스 거리는 정사영의 길이의 제곱에 $1/\lambda_j$의 가중치를 곱하여 합한 값과 같다. 즉 마할라노비스 거리가 정수인 (예를 들어 1이라고 하자) 점의 집합은 다음 식을 만족한다.

$$\sum_{j=1}^{d} \frac{1}{\lambda_j}(\boldsymbol{\phi}_j^\top(\boldsymbol{x}-\widehat{\boldsymbol{\mu}}))^2 = 1$$

이는 각 **주축**(principal axis)의 방향이 $\{\boldsymbol{\phi}_j\}_{j=1}^d$, 각 주축의 길이가 $\{\sqrt{\lambda_j}\}_{j=1}^d$인 초타원체의 방정식이다. 벡터 $\boldsymbol{x}$의 차원이 $d=2$인 경우에는 타원이 되고, 장축과 단축은 그림 4.5와 같이 표현된다.

카테고리의 수가 $c=2$일 때, 결정 경계는 사후 확률이 동일한(즉 1/2) 점의 집합이며,

$$p(y=1|\boldsymbol{x}) = p(y=2|\boldsymbol{x}) \tag{4.7}$$

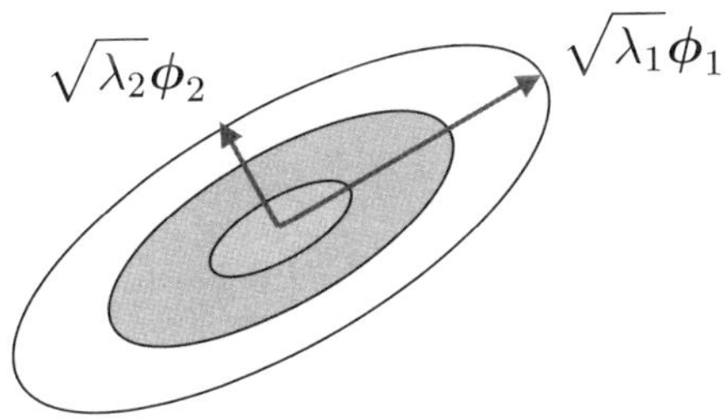

그림 4.5: 마할라노비스 거리. 초타원체 위의 점을 등거리로 간주

에서 주어진다(또는 양변에 로그를 취해도 좋다). 따라서, 조건부 확률 $p(\boldsymbol{x}|y)$를 가우시안 모델로 근사하는 경우, 결정 경계는 $\boldsymbol{x}$의 **이차초곡면**(quadratic hypersurface)이 된다.

4.4 선형 판별 분석

여기서 다시, 각 카테고리의 분산 공분산 행렬 $\boldsymbol{\Sigma}_y$이 동일하다고 가정하고, 공통의 분산 공분산 행렬을 $\boldsymbol{\Sigma}$로 나타낸다.

$$\boldsymbol{\Sigma}_1 = \cdots = \boldsymbol{\Sigma}_c = \boldsymbol{\Sigma}$$

이때, 공통의 $\boldsymbol{\Sigma}$에 대한 최우 추정 $\widehat{\boldsymbol{\Sigma}}$은 다음 식과 같이 주어진다.

$$\widehat{\boldsymbol{\Sigma}} = \frac{1}{n}\sum_{y=1}^{c}\sum_{i:y_i=y}(\boldsymbol{x}_i - \widehat{\boldsymbol{\mu}}_y)^\top(\boldsymbol{x}_i - \widehat{\boldsymbol{\mu}}_y) = \sum_{y=1}^{c}\frac{n_y}{n}\widehat{\boldsymbol{\Sigma}}_y$$

다만, $\sum_{i:y_i=y}$ 는 $y_i = y$를 만족시키는 i에 대한 합을 나타낸다. 이 식에서 알 수 있듯이, $\widehat{\boldsymbol{\Sigma}}$는 각 카테고리 별로 추정한 분산 공분산 행렬의 최우 추정 $\widehat{\boldsymbol{\Sigma}}_y$을 학습 표본의 비율 n_y/n로 가중치를 부여하고 서로 합한 것이다.

$\widehat{\boldsymbol{\Sigma}}$를 이용하면, 식 (4.6) 대신 다음과 같이 로그 사후 확률 $\log p(y|\boldsymbol{x})$

의 추정값을 구할 수 있다.

$$\begin{aligned}\log \widehat{p}(y|\boldsymbol{x}) &= -\frac{1}{2}(\boldsymbol{x}-\widehat{\boldsymbol{\mu}}_y)^\top \widehat{\boldsymbol{\Sigma}}^{-1}(\boldsymbol{x}-\widehat{\boldsymbol{\mu}}_y) \\ &\quad -\frac{1}{2}\log\left(\det(\widehat{\boldsymbol{\Sigma}})\right)+\log n_y + C \\ &= \boldsymbol{x}^\top \widehat{\boldsymbol{\Sigma}}^{-1}\widehat{\boldsymbol{\mu}}_y - \frac{1}{2}\widehat{\boldsymbol{\mu}}_y^\top \widehat{\boldsymbol{\Sigma}}^{-1}\widehat{\boldsymbol{\mu}}_y + \log n_y + C'\end{aligned}$$

C'는 카테고리 y에 따르지 않는 상수다. 이와 같이 각 카테고리의 분산 공분산 행렬이 공통일 때, 로그 사후 확률은 $\boldsymbol{x}$의 **일차 형식**(linear form)이다.

식 (4.7)에서, 카테고리 수가 $c=2$일 때의 결정 경계는

$$\widehat{\boldsymbol{a}}^\top \boldsymbol{x} + \widehat{b} = 0$$

로 주어진다. 단

$$\begin{cases} \widehat{\boldsymbol{a}} = \widehat{\boldsymbol{\Sigma}}^{-1}(\widehat{\boldsymbol{\mu}}_1 - \widehat{\boldsymbol{\mu}}_2) \\ \widehat{b} = -\frac{1}{2}(\widehat{\boldsymbol{\mu}}_1^\top \widehat{\boldsymbol{\Sigma}}^{-1}\widehat{\boldsymbol{\mu}}_1 - \widehat{\boldsymbol{\mu}}_2^\top \widehat{\boldsymbol{\Sigma}}^{-1}\widehat{\boldsymbol{\mu}}_2) + \log\frac{n_1}{n_2} \end{cases}$$

이다. 즉, 결정 경계는 $\boldsymbol{x}$의 **초평면**(hyperplane)이다. 이러한 결정 경계의 결정 방법을 **피셔의 선형 판별 분석**(Fisher's linear discriminant analysis)이라고 한다[8, 9].

벡터 $\boldsymbol{x}$의 차원이 $d=2$인 경우에 대해 선형 판별 분석을 실제로 계산해 보자. 학습 표본을 그림 4.6에 나타낸다. '○'과 '×'가 각각 카테고리 1, 카테고리 2인 학습 표본을 나타내며 각각 150개씩 주어진다. 즉,

$$n = 300, \qquad n_1 = n_2 = 150$$

이다.

이들 2가지 카테고리의 조건부 확률 $p(\boldsymbol{x}|y)$을 분산 공분산 행렬이 동일한 가우시안 모델로 근사한 결과, 다음과 같은 최우 추정을 얻을 수

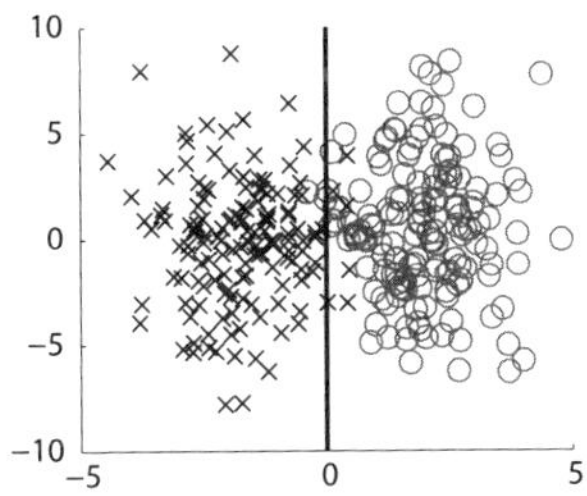

그림 4.6: 선형 판별 분석 사례

있었다.

$$\widehat{\boldsymbol{\mu}}_1 = \begin{pmatrix} 2 \\ 0 \end{pmatrix}, \quad \widehat{\boldsymbol{\mu}}_2 = \begin{pmatrix} -2 \\ 0 \end{pmatrix}, \quad \widehat{\boldsymbol{\Sigma}} = \begin{pmatrix} 1 & 0 \\ 0 & 9 \end{pmatrix}$$

여기에서,

$$\widehat{\boldsymbol{a}} = \begin{pmatrix} 4 \\ 0 \end{pmatrix}, \quad \widehat{b} = 0$$

을 얻을 수 있다. 구해진 결정 경계는 그림 4.6와 같다. 이 그림에서, 선형 판별 분석에 의해 얻어진 결정 경계가 두 가우시안 분포를 정확히 한 가운데에서 분할하는 것을 알 수 있다.

연습 4.4: 위의 예에서 각 카테고리의 학습 표본의 비율이

$$\frac{n_1}{n_2} = \frac{1}{9}, \;\; 9$$

와 같을 때, 결정 경계가 어떻게 변화하는지 살펴보라(그림 4.7 참조).
■

연습 4.5: 각 카테고리의 학습 표본 수의 비율을 $n_1/n_2 = 1$로 바꾸고 이번에는 공통의 분산 공분산 행렬의 최우 추정 $\widehat{\Sigma}$가 다음 식에서

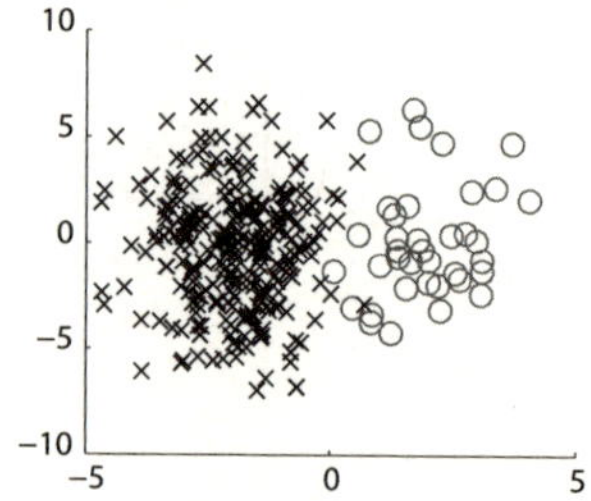

(a) $n_1/n_2 = 1/9$

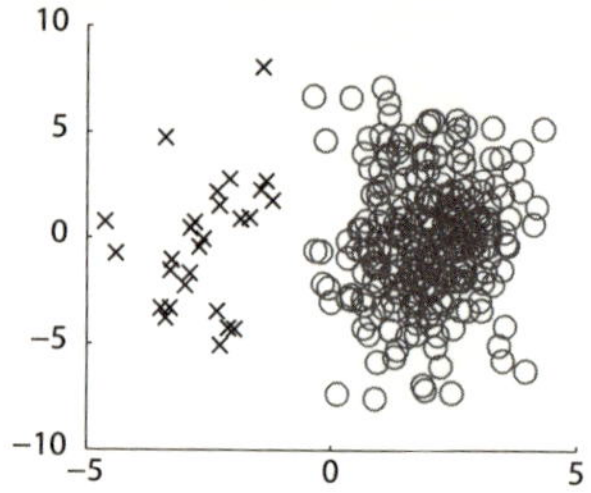

(b) $n_1/n_2 = 9$

그림 4.7: 각 카테고리의 학습 표본 수의 비율을 바꾼 경우

주어지는 경우를 생각해 본다.

$$\widehat{\boldsymbol{\Sigma}} = \begin{pmatrix} 9 - 8\cos^2\beta & 8\sin\beta\cos\beta \\ 8\sin\beta\cos\beta & 9 - 8\sin^2\beta \end{pmatrix}$$

이는 그림 4.6에 나와 있는 각 카테고리의 학습 표본을 각도 β만큼 회전시킨 것과 같다(그림 4.8 참조). 이때, 결정 경계가 어떻게 변화할지 살펴라. ■

힌트:

$$\widehat{\boldsymbol{\Sigma}}^{-1} = \begin{pmatrix} 1 - \frac{8}{9}\sin^2\beta & -\frac{8}{9}\sin\beta\cos\beta \\ -\frac{8}{9}\sin\beta\cos\beta & 1 - \frac{8}{9}\cos^2\beta \end{pmatrix}$$

□

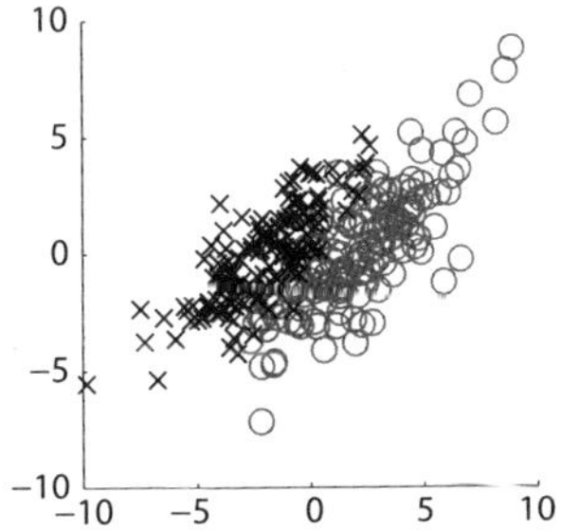

(a) $\beta = -\pi/4$

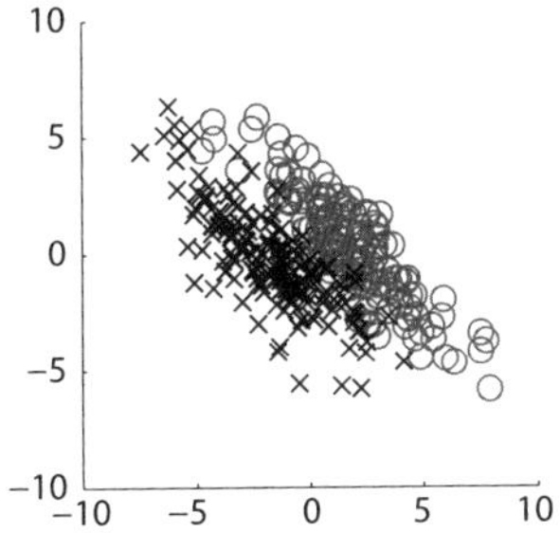

(b) $\beta = \pi/4$

그림 4.8: 각 카테고리의 학습 표본을 회전하는 경우

5장 최대 우도 추정법의 이론적 성질

앞 장에서는 최우 추정법의 정의와 이를 패턴 인식에 적용하는 방법을 설명했다. 이 장에서는 최우 추정법이 왜 통계적으로 바람직한 추정법인가를 보다 자세히 설명한다. 구체적으로는 최대 우도 추정법의 일치성, 점근 불편성, 점근 유효성, 그리고 점근 정규성이라고 불리는 성질을 설명한다. 이 장은 수학적으로 다소 어려운 내용을 포함하기 때문에, 초심자는 뛰어넘어 가도 상관없다. 이 장의 내용을 이해하지 못해도, 다음 내용을 이해하는 데에는 문제가 없다.

5.1 준비

우선, 최우 추정의 성질을 나타내기 위해 필요한 수학적인 사항을 요약해 소개한다.

마르코프 부등식(Markov's inequality)에 의하면, 임의의 확률 변수 a는 임의의 $\tau(>0)$에 대해

$$\mathbb{P}\Big(|a| \geq \tau\Big) \leq \frac{\mathbb{E}_a[|a|]}{\tau}$$

의 식을 만족한다. 여기서 $\mathbb{P}$는 확률을 나타낸다. $\mathbb{E}_a$는 확률 변수 a에 대한 기댓값을 나타낸다. 마르코프 부등식은 $|a| \geq \tau$일 확률이 $\mathbb{E}_a[|a|]/\tau$ 이하인 것을 나타낸다. 위의 마르코프 부등식은 다음과 같이 증명할 수

있다. 함수 $I_{|a|\geq\tau}(a)$를

$$I_{|a|\geq\tau}(a) := \begin{cases} 1 & |a| \geq \tau \\ 0 & |a| < \tau \end{cases}$$

라고 정의한다. 이와 같이, 특정 조건을 충족할 경우를 1, 그렇지 않을 경우에 0을 출력하는 함수를 **지시 함수**(indicator function)라고 부른다. 표시 함수 $I_{|a|\geq\tau}(a)$를 이용하면 임의의 τ (> 0)에 대하여

$$\tau I_{|a|\geq\tau}(a) \leq |a|$$

가 성립한다. 여기에 양변에 기댓값을 취해도 부등호는 변하지 않는다.

$$\mathbb{E}_a[\tau I_{|a|\geq\tau}(a)] \leq \mathbb{E}_a[|a|]$$

이제 좌변을

$$\mathbb{E}_a[\tau I_{|a|\geq\tau}(a)] = \tau\mathbb{E}_a[I_{|a|\geq\tau}(a)] = \tau\mathbb{P}\Big(|a| \geq \tau\Big)$$

와 같이 고쳐서 쓸 수 있기 때문에

$$\tau\mathbb{P}\Big(|a| \geq \tau\Big) \leq \mathbb{E}_a[|a|]$$

이 성립하고, 이를 통해 마르코프 부등식이 얻어진다.

체비쇼프 부등식(Chebyshev's inequality)에 의하면, 임의의 확률 변수 b는 임의의 $\varepsilon(> 0)$에 대하여

$$\mathbb{P}\Big(|b - \mu_b| \geq \varepsilon\Big) \leq \frac{\sigma_b^2}{\varepsilon^2}$$

을 충족한다(그림 5.1). 여기서, μ_b와 σ_b는 확률 변수 b의 기댓값과 표준편차를 나타낸다. 체비쇼프 부등식에서, 확률 변수 b가 그 기댓값 μ_b보다 ε 이상 차이가 날 확률이 σ_b^2/ε^2 이하임을 알 수 있다. 확률은 언제나 1 이하이므로, 사실상 $\varepsilon > \sigma_b$의 경우에만 체비쇼프 부등식은 의미를 갖는다. 체비쇼프 부등식은, 마르코프 부등식에서 $a = (b - \mu_b)^2$, $\tau = \varepsilon^2$로 두면 바로 증명할 수 있다.

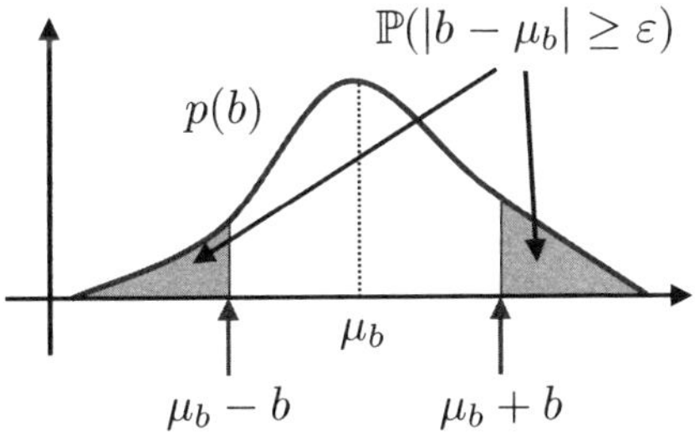

그림 5.1: 체비쇼프 부등식

마르코프 부등식, 체비쇼프 부등식은 확률에 관한 부등식이기 때문에, **확률 부등식**(probabilistic inequality)이라고 한다. 이 확률 부등식들을 이용해 최우 추정의 성질을 설명한다.

이를 위해 다음 절부터 파라메트릭 모델 $q(\boldsymbol{x};\boldsymbol{\theta})$ 안에 실제 확률 밀도 함수 $p(\boldsymbol{x})$가 포함되는 경우를 생각한다. 즉, 어떠한 실제 파라미터 $\boldsymbol{\theta}^*$가 존재하고,

$$q(\boldsymbol{x};\boldsymbol{\theta}^*) = p(\boldsymbol{x})$$

이 성립되는 경우를 생각한다.

5.2 일치성

우선, 최우 추정이 **일치성**(consistency)이라는 성질을 갖는 것에 대하여 설명한다. 일치성이란 학습 표본 n이 무한히 많을 때 최적의 추정량을 얻을 수 있는 것이 보증된다는 성질이다. 제대로 된 추정량을 얻기 위해 갖추어야 할 최소한의 성질이다.

좀 더 자세히 일치성의 개념을 설명하기 위해서 n개의 학습 표본에서 얻는 추정을 $\widehat{\boldsymbol{\theta}}_n$로 나타낸다. 이때, 임의의 $\boldsymbol{\theta}^*(\in \Theta)$와 임의의 $\varepsilon\ (> 0)$에 대해,

$$\lim_{n\to\infty} \mathbb{P}(\|\widehat{\boldsymbol{\theta}}_n - \boldsymbol{\theta}^*\| \geq \varepsilon) = 0 \tag{5.1}$$

을 만족하는 추정량을 **일치추정량**(consistent estimator)이라고 부른다. 여기서 $\lim_{n\to\infty}$ 은 $n \to \infty$의 극한을 나타낸다. $\|\cdot\|$는 **놈**(norm)을 의미하고 벡터 $\boldsymbol{\theta} = (\theta^{(1)}, \ldots, \theta^{(t)})^\top$에 대해

$$\|\boldsymbol{\theta}\| := \sqrt{\boldsymbol{\theta}^\top \boldsymbol{\theta}} = \sqrt{\sum_{\ell=1}^{t} (\theta^{(\ell)})^2}$$

을 만족한다. 위의 일치성의 정의는, $\widehat{\boldsymbol{\theta}}_n$과 $\boldsymbol{\theta}^*$의 차이의 놈이 ε 이상이 될 확률이 $n \to \infty$의 극한에서 0이 된다는 의미다. 식 (5.1)가 성립할 때, $\widehat{\boldsymbol{\theta}}_n$는 $\boldsymbol{\theta}^*$에 **확률 수렴**(convergence in probability)한다고 말하고,

$$\widehat{\boldsymbol{\theta}}_n \xrightarrow{\text{p}} \boldsymbol{\theta}^*$$

처럼 표기한다. 화살표 위의 'p'는 확률(probability)의 약자다.

적당한 조건에서 최우 추정은 일치성을 가지는 것으로 알려져 있다. 이것을 기댓값이 μ이고 분산이 σ^2인 1차원 정규 분포의 기댓값 μ의 최우 추정 $\widehat{\mu}_{\text{ML}}$을 이용해 설명한다. 4.2절에서 설명했듯이 $\widehat{\mu}_{\text{ML}}$는

$$\widehat{\mu}_{\text{ML}} = \frac{1}{n}\sum_{i=1}^{n} x_i$$

으로 주어진다. 여기서 학습 표본 $\{\boldsymbol{x}_i\}_{i=1}^n$ 을 얻는 방법에 관한 기댓값을 $\mathbb{E}$, 분산을 $\mathbb{V}$로 각각 나타내면

$$\mathbb{E}[f(\boldsymbol{x}_1, \ldots, \boldsymbol{x}_n)] := \int \cdots \int f(\boldsymbol{x}_1, \ldots, \boldsymbol{x}_n) p(\boldsymbol{x}_1) \cdots p(\boldsymbol{x}_n) d\boldsymbol{x}_1 \cdots d\boldsymbol{x}_n$$
$$\mathbb{V}[f(\boldsymbol{x}_1, \ldots, \boldsymbol{x}_n)] := \mathbb{E}\Big[\Big(f(\boldsymbol{x}_1, \ldots, \boldsymbol{x}_n) - \mathbb{E}[f(\boldsymbol{x}_1, \ldots, \boldsymbol{x}_n)]\Big)^2\Big]$$

임의의 상수 c에 대해 $\mathbb{E}[cx_i] = c\mathbb{E}[x_i]$가 성립하기 때문에, $\widehat{\mu}_{\text{ML}}$의 기댓값 $\mathbb{E}[\widehat{\mu}_{\text{ML}}]$는

$$\mathbb{E}[\widehat{\mu}_{\text{ML}}] = \frac{1}{n}\sum_{i=1}^{n} \mathbb{E}[x_i] = \frac{n\mu}{n} = \mu$$

로 주어진다. 따라서, $\widehat{\mu}_{\mathrm{ML}}$의 기댓값 $\mathbb{E}[\widehat{\mu}_{\mathrm{ML}}]$는 원래의 표본 x_i의 기댓값 μ와 같다. 한편, 임의의 상수 c에 대해서 $\mathbb{V}[cx_i] = c^2\mathbb{V}[x_i]$인 것을 이용하면, $\widehat{\mu}_{\mathrm{ML}}$의 분산 $\mathbb{V}[\widehat{\mu}_{\mathrm{ML}}]$는

$$\mathbb{V}[\widehat{\mu}_{\mathrm{ML}}] = \frac{1}{n^2}\sum_{i=1}^{n}\mathbb{V}[x_i] = \frac{n\sigma^2}{n^2} = \frac{\sigma^2}{n}$$

로 주어진다. 따라서, $\widehat{\mu}_{\mathrm{ML}}$의 분산 $\mathbb{V}[\widehat{\mu}_{\mathrm{ML}}]$는 원래 표본 x_i의 분산 σ^2의 $1/n$배다. 여기서 $\widehat{\mu}_{\mathrm{ML}}$에 대해 체비쇼프 부등식을 이용하면, 임의의 $\varepsilon(> 0)$에 대해

$$\mathbb{P}\left(|\widehat{\mu}_{\mathrm{ML}} - \mu| \geq \varepsilon\right) \leq \frac{\sigma^2}{n\varepsilon^2}$$

이 성립한다. 위 식의 우변은 $n \to \infty$ 의 극한에서 0에 수렴하기 때문에,

$$\lim_{n\to\infty}\mathbb{P}\left(|\widehat{\mu}_{\mathrm{ML}} - \mu| \geq \varepsilon\right) = 0$$

을 만족시키며, 다음과 같이 확률 수렴함을 알 수 있다.

$$\widehat{\mu}_{\mathrm{ML}} \xrightarrow{\mathrm{p}} \mu$$

그림 5.2에서는, 표준 정규 분포를 따르는 표본에 대한 최우 추정 $\widehat{\mu}_{\mathrm{ML}}$의 일치성의 수치적 예를 보인다.

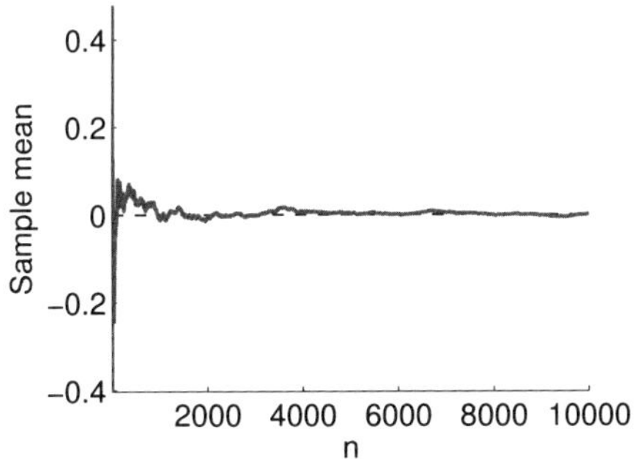

그림 5.2: 큰 수의 법칙의 예. 표본은 표준 정규 분포로부터 생성

표본 평균이 실제의 기댓값에 확률 수렴하는 것은 **큰 수의 법칙**(law of large numbers)이라고 불린다.[1]

$$\frac{1}{n}\sum_{i=1}^{n} f(\boldsymbol{x}_i) \xrightarrow{\text{p}} \int f(\boldsymbol{x})p(\boldsymbol{x})d\boldsymbol{x}$$

이어서, 추정량 $\widehat{\boldsymbol{\theta}}$ 의 일치성과 제곱 오차 $\|\widehat{\boldsymbol{\theta}} - \boldsymbol{\theta}^*\|^2$의 관계를 살펴보자. 마르코프 부등식을 이용해, 일치성의 정의식에 나오는 확률 $\mathbb{P}(\|\widehat{\boldsymbol{\theta}} - \boldsymbol{\theta}^*\| \geq \varepsilon)$의 위쪽 한계(upper bound)를 얻을 수 있다.

$$\mathbb{P}(\|\widehat{\boldsymbol{\theta}} - \boldsymbol{\theta}^*\| \geq \varepsilon) = \mathbb{P}(\|\widehat{\boldsymbol{\theta}} - \boldsymbol{\theta}^*\|^2 \geq \varepsilon^2) \leq \frac{1}{\varepsilon^2} \underbrace{\mathbb{E}\left[\|\widehat{\boldsymbol{\theta}} - \boldsymbol{\theta}^*\|^2\right]}_{\text{기대 제곱 오차}}$$

$\mathbb{E}\left[\|\widehat{\boldsymbol{\theta}} - \boldsymbol{\theta}^*\|^2\right]$는 **기대 제곱 오차**(expected squared error)라고 불리는 양이다. 이 상계에서, 기대 제곱 오차가 0에 수렴하는 추정량은 일치성을 가지는 것을 볼 수 있다.

[1]엄밀히 말하면, **큰 수의 약법칙**(weak law of large numbers)이라고 불린다.

5.3 점근 불편성

기대 제곱 오차는 다음과 같이 분해할 수 있다.

$$
\begin{aligned}
\mathbb{E}\left[\|\widehat{\boldsymbol{\theta}} - \boldsymbol{\theta}^*\|^2\right] &= \mathbb{E}\left[\|\widehat{\boldsymbol{\theta}} - \mathbb{E}[\widehat{\boldsymbol{\theta}}] + \mathbb{E}[\widehat{\boldsymbol{\theta}}] - \boldsymbol{\theta}^*\|^2\right] \\
&= \mathbb{E}\left[\|\widehat{\boldsymbol{\theta}} - \mathbb{E}[\widehat{\boldsymbol{\theta}}]\|^2\right] + \|\mathbb{E}[\widehat{\boldsymbol{\theta}}] - \boldsymbol{\theta}^*\|^2 \\
&\quad + 2\mathbb{E}\left[(\widehat{\boldsymbol{\theta}} - \mathbb{E}[\widehat{\boldsymbol{\theta}}])^\top (\mathbb{E}[\widehat{\boldsymbol{\theta}}] - \boldsymbol{\theta}^*)\right] \\
&= \mathbb{E}\left[\|\widehat{\boldsymbol{\theta}} - \mathbb{E}[\widehat{\boldsymbol{\theta}}]\|^2\right] + \|\mathbb{E}[\widehat{\boldsymbol{\theta}}] - \boldsymbol{\theta}^*\|^2 \\
&\quad + 2(\mathbb{E}[\widehat{\boldsymbol{\theta}}] - \mathbb{E}[\widehat{\boldsymbol{\theta}}])^\top (\mathbb{E}[\widehat{\boldsymbol{\theta}}] - \boldsymbol{\theta}^*) \\
&= \underbrace{\mathbb{E}\left[\|\widehat{\boldsymbol{\theta}} - \mathbb{E}[\widehat{\boldsymbol{\theta}}]\|^2\right]}_{\text{분산항}} + \underbrace{\|\mathbb{E}[\widehat{\boldsymbol{\theta}}] - \boldsymbol{\theta}^*\|^2}_{\text{편중항}}
\end{aligned}
$$

위 시의 제 1항과 제 2항을 각각 **분산항**(variance term)과 **편중항**(bias term)이라고 부른다(그림 5.3).

추정량의 편중값이 0일 때, 즉

$$\mathbb{E}[\widehat{\boldsymbol{\theta}}] = \boldsymbol{\theta}^*$$

가 성립되는 것을 **불편성**(unbiasedness)이라 하고, 불편성을 가진 추정량을 **불편 추정**(unbiased estimator)이라고 부른다. 또한 $n \to \infty$ 의

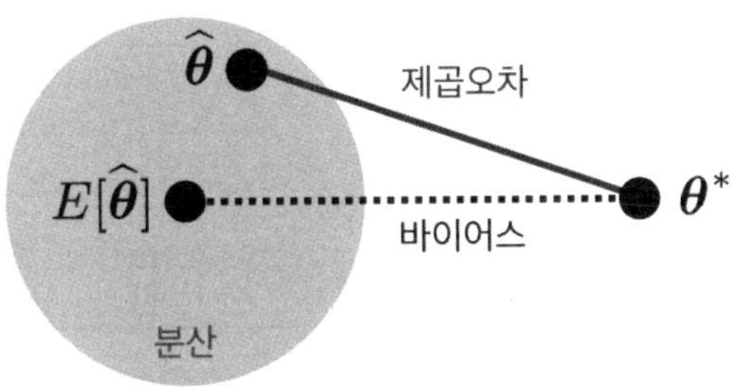

그림 5.3: 기대 제곱 오차의 편중값과 분산의 분해

극한에서 바이어스가 0으로 수렴하는 것, 즉

$$\mathbb{E}[\widehat{\boldsymbol{\theta}}_n] \xrightarrow{\text{p}} \boldsymbol{\theta}^*$$

이 성립하는 것을 **점근 불편성**(asymptotic unbiasedness)이라고 하고, 점근 불편성을 가진 추정량을 **점근 불편 추정량**(asymptotically unbiased estimator)이라고 부른다. 점근이란 "학습 표본 수 n이 무한대의 극한에서"라는 뜻이다. 적당한 조건에서, 최우 추정은 점근 불편성을 가지는 것으로 알려져 있다.

5.4 점근 유효성

일치성과 점근 불편성은, 학습 표본 수가 무한대인 극한일 경우를 가정한 추정량의 성질이다. 그러나 현실 세계에서 학습 표본 수 n은 무한대가 될 수 없고, 반드시 유한하다. 따라서, 일치성이나 점근 불편성을 가진 추정량이 현실 세계에서 반드시 좋은 추정량이라고 할 수는 없다.

실제로, 5.3절에서 설명한 것처럼, 제곱 오차의 기댓값을 줄이기 위해서는 추정량의 바이어스뿐만 아니라 분산도 고려해야 한다. 거기서 나오는 개념이 **유효성**(efficiency)이다. 유효성을 갖는 추정량을 **유효 추정량**(efficienct estimator)이라고 부른다. 유효 추정량은 불편 추정 중에서 분산이 가장 작은 추정량이다.

우선, 파라미터가 1차원일 경우의 유효 추정량을 알아보자. 임의의 불편 추정량 $\widehat{\theta}$ 의 분산 $\mathbb{V}(\widehat{\theta})$의 아래쪽 한계(lower bound)는 다음 **크래머 라오 부등식**(Cramér-Rao's inequality)으로 주어진다[5, 21].

$$\mathbb{V}(\widehat{\theta}) := \mathbb{E}[(\widehat{\theta} - \theta^*)^2] \geq \frac{1}{nF(\theta^*)} \tag{5.2}$$

여기서 $F(\theta)$는 **피셔 정보량**(Fisher information)이라고 불리고 다음과

같이 정의된다.

$$F(\theta) := \mathbb{E}_\theta \left[\left(\frac{\partial}{\partial \theta} \log q(\boldsymbol{x}; \theta) \right)^2 \right] \tag{5.3}$$

여기서 $\mathbb{E}_\theta$는 $q(\boldsymbol{x}; \theta)$에 대한 기댓값을 나타낸다.

$$\mathbb{E}_\theta[f(\boldsymbol{x})] := \int f(\boldsymbol{x}) q(\boldsymbol{x}; \theta) d\boldsymbol{x}$$

식 (5.3)은, 정확히는

$$F(\theta) := \mathbb{E}_\theta \left[\left(\frac{\partial}{\partial \theta'} \log q(\boldsymbol{x}; \theta') \right)^2 \bigg|_{\theta' = \theta} \right]$$

와 같이 표기해야 한다. 그러나, 혼란을 일으킬 우려가 없는 경우는 표기를 쉽게 하기 위해서 이후에도 식 (5.3)와 같은 단순화된 표현을 사용하기로 한다. 피셔 정보량에 포함된 $\frac{\partial}{\partial \theta} \log q(\boldsymbol{x}; \theta)$는, **피셔 스코어**(Fisher score)라고 불린다. 식 (5.2) 크래머 라오 부등식의 최소 한도를 달성하기 위한 불편 추정량이 유효 추정량이다.

이제 유효성의 개념을 일반 t차원으로 확장하자. 이를 위해 먼저 **피셔 정보 행렬**(Fisher information matrix) $\boldsymbol{F}(\boldsymbol{\theta})$을 정의한다. 피셔 정보 행렬은 $t \times t$ 행렬이며, 이의 (ℓ, ℓ') 요소 $F_{\ell,\ell'}(\boldsymbol{\theta})$는 다음과 같이 정의된다.

$$F_{\ell,\ell'}(\boldsymbol{\theta}) := \mathbb{E}_{\boldsymbol{\theta}} \left[\frac{\partial}{\partial \theta^{(\ell)}} \log q(\boldsymbol{x}; \boldsymbol{\theta}) \frac{\partial}{\partial \theta^{(\ell')}} \log q(\boldsymbol{x}; \boldsymbol{\theta}) \right] \tag{5.4}$$

피셔 정보 행렬을 이용하면, 다차원 버전의 크래머 라오 부등식, 즉 임의의 불편 추정량 $\widehat{\boldsymbol{\theta}}$의 공분산 행렬 $\mathbb{V}(\widehat{\boldsymbol{\theta}})$의 ≪최소 한도≫가 다음 식으로 주어진다.

$$\mathbb{V}(\widehat{\boldsymbol{\theta}}) := \mathbb{E}[(\widehat{\boldsymbol{\theta}} - \boldsymbol{\theta}^*)(\widehat{\boldsymbol{\theta}} - \boldsymbol{\theta}^*)^\top] \geq \frac{1}{n} \boldsymbol{F}(\boldsymbol{\theta}^*)^{-1} \tag{5.5}$$

여기서, 정방행렬 $\boldsymbol{A}$, $\boldsymbol{B}$에 대한 부등호 $\boldsymbol{A} \geq \boldsymbol{B}$ 는 $\boldsymbol{C} := \boldsymbol{A} - \boldsymbol{B}$가 **양반정치 행렬**(positive semidefinite matrix)이라는 것을 의미한다. 행렬 $\boldsymbol{C}$

가 양반 정치 행렬이라는 것은 임의의 벡터 $\boldsymbol{\varphi}$에 대해 행렬 $\boldsymbol{C}$가 항상

$$\boldsymbol{\varphi}^\top \boldsymbol{C}\boldsymbol{\varphi} \geq 0$$

을 충족하는 것으로 정의된다. 공분산 행렬이 식 (5.5)의 최소 한도에 도달하는 불편 추정량을 유효 추정량이라고 한다.

단, 유효성의 개념은 불편 추정량에 대해서만 성립한다. 최대 우도 추정량은 일반적으로 점근 불편 추정량이 되지만, 유한의 학습 표본에 대해서 항상 불편 추정량이 되는 것은 아니다. 오히려 최대 우도 추정량은 일반적으로 유효 추정량이 되지 않는다. 여기서 유효성의 개념을 조금 느슨하게 한 **점근 유효성**(asymptotic efficiency), 또는 **점근 유효 추정량**(asymptotically efficient estimator)이라는 개념을 생각하기로 한다. 점근 유효 추정량은 크래머 라오 부등식의 최소 한도에 점근적으로 도달하는 점근 불편 추정량이다.

$$n\mathbb{V}(\widehat{\boldsymbol{\theta}}) \xrightarrow{\mathrm{p}} \boldsymbol{F}(\boldsymbol{\theta}^*)^{-1}$$

적당한 조건에서, 최대 우도 추정량은 점근 유효성을 갖는 것으로 알려져 있다.

연습 5.1: 임의의 ℓ, ℓ'에 대해,

$$\int \frac{\partial^2}{\partial\theta^{(\ell)}\partial\theta^{(\ell')}} q(\boldsymbol{x};\boldsymbol{\theta})d\boldsymbol{x} = 0 \tag{5.6}$$

가 성립할 때, 피셔 정보 행렬 $\boldsymbol{F}(\boldsymbol{\theta})$를 다음 식으로 표현할 수 있다는 것을 보여라.

$$F_{\ell,\ell'}(\boldsymbol{\theta}) = -\mathbb{E}_{\boldsymbol{\theta}}\left[\frac{\partial^2}{\partial\theta^{(\ell)}\partial\theta^{(\ell')}} \log q(\boldsymbol{x};\boldsymbol{\theta})\right] \tag{5.7}$$

■

파라메트릭 모델 $q(\boldsymbol{x};\boldsymbol{\theta})$는 확률 밀도 함수이므로,

$$\int q(\boldsymbol{x};\boldsymbol{\theta})d\boldsymbol{x} = 1$$

를 만족한다. 이 양변을 $\theta^{(\ell)}$와 $\theta^{(\ell')}$로 편미분하면

$$\frac{\partial^2}{\partial\theta^{(\ell)}\partial\theta^{(\ell')}}\int q(\boldsymbol{x};\boldsymbol{\theta})d\boldsymbol{x} = 0$$

를 얻을 수 있다. 여기서, 편미분과 적분의 순서가 바뀌는 것을 가정하면 식 (5.6)가 충족된다. 또한, 이 함수 $f(\boldsymbol{\theta})$의 2차 편미분을 요소로 갖는 행렬

$$H_{\ell,\ell'} := \frac{\partial^2}{\partial\theta^{(\ell)}\partial\theta^{(\ell')}}f(\boldsymbol{\theta})$$

은 $f(\boldsymbol{\theta})$의 **헤시안 행렬**(Hessian matrix)이라고 불리고, 최적화 문제를 풀 때 중요한 역할을 한다. 식 (5.7)은 $\log q(\boldsymbol{x};\boldsymbol{\theta})$의 헤시안 행렬의 기댓값에 음수의 값을 취한 것과 같다.

5.5 점근 정규성

지금까지 최우 추정량이 가진 점근적인 성질, 즉 일치성, 점근 불편성, 그리고 점근 유효성에 대해 설명해 왔다. 이번 절에서는 최우 추정량 그 자체의 점근적인 행동에 대해 알아본다. 구체적으로 최대 우도 추정량이 **점근 정규성**(asymptotic normality)을 가지는 것에 대해 설명한다. 점근 정규성이란, 학습 표본 n이 충분히 큰 경우에는 추정량이 근사적으로 정규 분포를 따른다는 성질을 말한다.

최대 우도 추정의 점근 정규성을 설명하기 위해서는 먼저 **중심 극한 정리**(central limit theorem)에 대해 말해야 하는데, 기댓값 0, 분산 1의 확률 분포를 따르는 n개의 1차원 i.i.d. 표본 $\{x_i\}_{i=1}^n$에 대해 그 평균 $\overline{x}_n$을 다음과 같이 표기한다면

$$\overline{x}_n := \frac{1}{n}\sum_{i=1}^n x_i$$

중심 극한 정리는 $\overline{x}_n$에 대해 다음 식이 성립하는 것을 말한다.

$$\lim_{n\to\infty}\mathbb{P}(a \le \sqrt{n}\overline{x}_n \le b) = \frac{1}{\sqrt{2\pi}}\int_a^b \exp\left(-\frac{x^2}{2}\right)dx$$

이것은 $\sqrt{n}\overline{x}_n$가 점근적으로 표준 정규 분포를 따른다는 것을 표현한다. 이것을 $\sqrt{n}\overline{x}_n$가 표준 정규 분포에 **분포 수렴**(convergence in distribution) 또는 **법칙 수렴**(convergence in law)한다고 하고,

$$\sqrt{n}\overline{x}_n \xrightarrow{\text{d}} N(0,1)$$

와 같이 나타낸다. 화살표 위의 'd'는 분포(distribution)의 약자이며, $N(\mu,\sigma^2)$는 기댓값 μ, 분산 σ^2의 정규 분포를 나타낸다.

중심 극한 정리는 매우 널리 사용되고 있는데, $\{x_i\}_{i=1}^n$ 가 어떤 확률 분포를 따르는 경우에도 그 분산이 유한이기만 하면 $\sqrt{n}\overline{x}_n$ 는 표준 정규 분포에 법칙 수렴하는 것이 보장된다. 중심 극한 정리의 예를 그림 5.4에 제시한다.

중심 극한 정리를 d차원으로 일반화하면 다음과 같이 된다. 기댓값 $\mathbf{0}_d$, 공분산 행렬 $\mathbf{\Sigma}$인 확률 분포를 따르는 i.i.d. 확률 변수 $\{\boldsymbol{x}_i\}_{i=1}^n$에 대해, 그 평균을 $\overline{\boldsymbol{x}}_n$로 나타내면,

$$\overline{\boldsymbol{x}}_n := \frac{1}{n}\sum_{i=1}^{n}\boldsymbol{x}_i$$

$\sqrt{n}\overline{\boldsymbol{x}}_n$은 기댓값 $\mathbf{0}_d$, 공분산 행렬 $\mathbf{\Sigma}$인 다차원 정규 분포 $N(\mathbf{0}_d,\mathbf{\Sigma})$에 분포 수렴한다.

$$\sqrt{n}\overline{\boldsymbol{x}}_n \xrightarrow{\text{d}} N(\mathbf{0}_d,\mathbf{\Sigma})$$

이제 위에서 설명한 중심 극한 정리를 이용하여 최대 우도 추정의 점근 정규성에 대해 설명한다. 표기를 쉽게 하기 위해 로그 우도의 편미분 표본 평균을 간단하게 벡터 $\boldsymbol{\xi}(\boldsymbol{\theta})$로 나타내기로 한다. 즉, $\boldsymbol{\xi}(\boldsymbol{\theta})$의 ℓ번째 요소는

$$\xi_\ell(\boldsymbol{\theta}) := \frac{1}{n}\sum_{i=1}^{n}\frac{\partial}{\partial\theta^{(\ell)}}\log q(\boldsymbol{x}_i;\boldsymbol{\theta})$$

로 주어진다. 최대 우도 추정값 $\widehat{\boldsymbol{\theta}}_{\mathrm{ML}}$에서 로그 우도는 최댓값을 가지므로

$$\boldsymbol{\xi}(\widehat{\boldsymbol{\theta}}_{\mathrm{ML}}) = \mathbf{0}_t$$

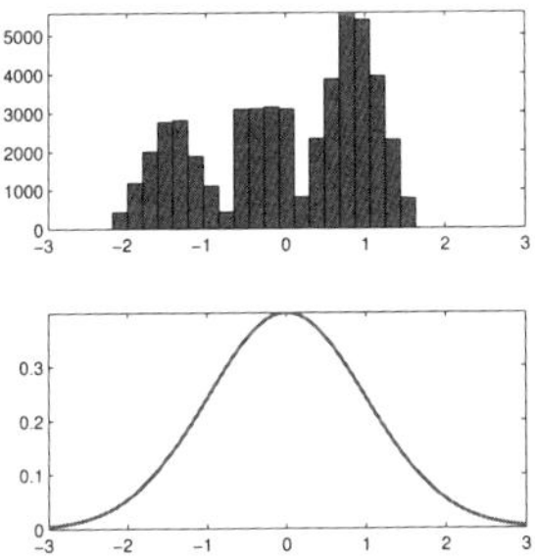

(a) $n = 1$

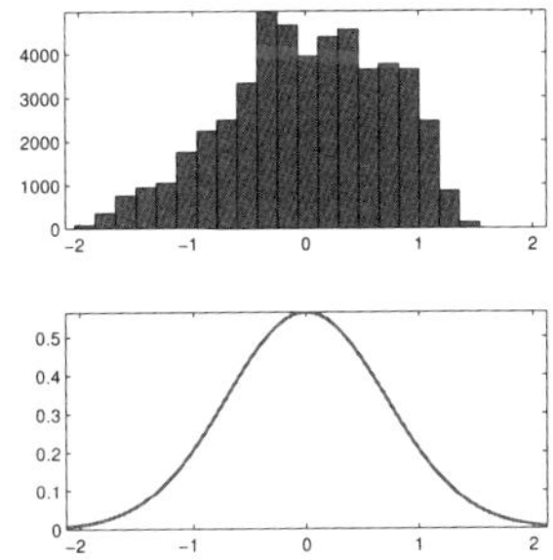

(b) $n = 2$

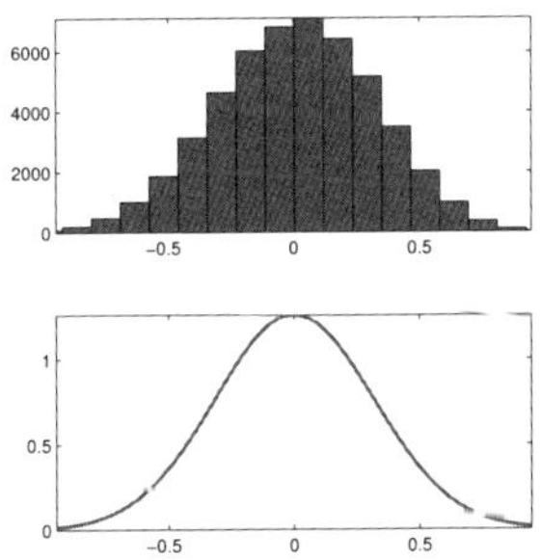

(c) $n = 10$

그림 5.4: 적당한 분포를 따르는 표본에 대한 중심 극한 정리의 예

을 만족한다. 이때, 좌변을 실제 파라미터 $\boldsymbol{\theta}^*$ 주변에서 1차 **테일러 전개**(Taylor expansion)를 하면,

$$\boldsymbol{\xi}(\boldsymbol{\theta}^*) - \widehat{\boldsymbol{F}}(\boldsymbol{\theta}^*)(\widehat{\boldsymbol{\theta}}_{\mathrm{ML}} - \boldsymbol{\theta}^*) + \boldsymbol{r} = \boldsymbol{0}_t$$

와 같은 식을 얻을 수 있다. 여기서 $\boldsymbol{r}$은 2차 이후의 **잔차**(residual)다. 최대 우도 추정의 일치성으로부터 잔차항은 $n \to \infty$의 극한에서 무시될 수 있다. $\widehat{\boldsymbol{F}}(\boldsymbol{\theta}^*)$는 (ℓ, ℓ')번째 요소가

$$\widehat{F}_{\ell,\ell'}(\boldsymbol{\theta}^*) := -\frac{1}{n}\sum_{i=1}^{n} \frac{\partial^2}{\partial\theta^{(\ell)}\partial\theta^{(\ell')}} \log q(\boldsymbol{x}_i; \boldsymbol{\theta}^*)$$

로 표현되는 $t \times t$ 행렬이다.

한편, 식 (5.4)에서 정의된 피셔 정보 행렬 $\boldsymbol{F}(\boldsymbol{\theta})$를 적당한 조건에서

$$F_{\ell,\ell'}(\boldsymbol{\theta}) = -\mathbb{E}_{\boldsymbol{\theta}}\left[\frac{\partial^2}{\partial\theta^{(\ell)}\partial\theta^{(\ell')}}\log q(\boldsymbol{x};\boldsymbol{\theta})\right]$$

로 표현할 수 있다(연습 5.1 참조). 여기서 $\widehat{\boldsymbol{F}}(\boldsymbol{\theta}^*)$는 $\boldsymbol{F}(\boldsymbol{\theta}^*)$를 구할 때 사용되는 $q(\boldsymbol{x};\boldsymbol{\theta}^*)$ $(= p(\boldsymbol{x}))$에 대한 기댓값을 학습 표본 $\{\boldsymbol{x}_i\}_{i=1}^n$의 평균값으로 대치한 것으로 이해하면 된다. 큰 수의 법칙에 따라 $\widehat{\boldsymbol{F}}(\boldsymbol{\theta}^*)$가 $\boldsymbol{F}(\boldsymbol{\theta}^*)$에 확률 수렴하는것이 보장되며

$$\widehat{\boldsymbol{F}}(\boldsymbol{\theta}^*) \xrightarrow{\text{p}} \boldsymbol{F}(\boldsymbol{\theta}^*),$$

따라서

$$\sqrt{n}(\widehat{\boldsymbol{\theta}}_{\text{ML}} - \boldsymbol{\theta}^*) \xrightarrow{\text{p}} \boldsymbol{F}(\boldsymbol{\theta}^*)^{-1}\sqrt{n}\boldsymbol{\xi}(\boldsymbol{\theta}^*)$$

가 성립한다.

여기서 $\boldsymbol{\theta}^*$는 로그 우도의 기댓값 $\mathbb{E}_{\boldsymbol{x}}[\log q(\boldsymbol{x};\boldsymbol{\theta})]$를 최소화하므로

$$\mathbb{E}_{\boldsymbol{x}}\left[\frac{\partial}{\partial\boldsymbol{\theta}}\log q(\boldsymbol{x};\boldsymbol{\theta})\Big|_{\boldsymbol{\theta}=\boldsymbol{\theta}^*}\right] = \boldsymbol{0}_t$$

를 만족한다. 또한 피셔 정보 행렬의 정의식 (5.4)로부터

$$\mathbb{V}_{\boldsymbol{x}}\left[\frac{\partial}{\partial\boldsymbol{\theta}}\log q(\boldsymbol{x};\boldsymbol{\theta})\Big|_{\boldsymbol{\theta}=\boldsymbol{\theta}^*}\right] = \boldsymbol{F}(\boldsymbol{\theta}^*)$$

가 성립함을 알 수 있다. 이제 중심 극한 정리를 적용하면 $\sqrt{n}\boldsymbol{\xi}(\boldsymbol{\theta}^*)$는 기댓값 $\boldsymbol{0}_t$, 분산 공분산 행렬 $\boldsymbol{F}(\boldsymbol{\theta}^*)$의 정규 분포 $N(\boldsymbol{0}_t, \boldsymbol{F}(\boldsymbol{\theta}^*))$에 분포 수렴하는 것을 알 수 있다.

$$\sqrt{n}\boldsymbol{\xi}(\boldsymbol{\theta}^*) \xrightarrow{\text{d}} N(\boldsymbol{0}_t, \boldsymbol{F}(\boldsymbol{\theta}^*))$$

이제 $\boldsymbol{F}(\boldsymbol{\theta}^*)^{-1}\sqrt{n}\boldsymbol{\xi}(\boldsymbol{\theta}^*)$ 의 공분산 행렬을 구하면

$$\begin{aligned}\mathbb{V}\big[\boldsymbol{F}(\boldsymbol{\theta}^*)^{-1}\sqrt{n}\boldsymbol{\xi}(\boldsymbol{\theta}^*)\big] &= \boldsymbol{F}(\boldsymbol{\theta}^*)^{-1}\mathbb{V}\left[\sqrt{n}\boldsymbol{\xi}(\boldsymbol{\theta}^*)\right]\boldsymbol{F}(\boldsymbol{\theta}^*)^{-1} \\ &= \boldsymbol{F}(\boldsymbol{\theta}^*)^{-1}\boldsymbol{F}(\boldsymbol{\theta}^*)\boldsymbol{F}(\boldsymbol{\theta}^*)^{-1} \\ &= \boldsymbol{F}(\boldsymbol{\theta}^*)^{-1}\end{aligned}$$

와 같이 주어지며, 이로부터 최대 우도 추정량 $\widehat{\boldsymbol{\theta}}_{\mathrm{ML}}$는 평균 $\boldsymbol{\theta}^*$, 공분산 $\frac{1}{n}\boldsymbol{F}(\boldsymbol{\theta}^*)^{-1}$의 정규 분포 $N(\mathbf{0}_t, \boldsymbol{F}(\boldsymbol{\theta}^*))$에 분포 수렴함을 알 수 있다.

$$\sqrt{n}(\widehat{\boldsymbol{\theta}}_{\mathrm{ML}} - \boldsymbol{\theta}^*) \xrightarrow{\mathrm{d}} N(\mathbf{0}_t, \boldsymbol{F}(\boldsymbol{\theta}^*))$$

이것이 최대 우도 추정량의 점근 정규성이다.

최대 우도 추정량의 점근 정규성으로부터 최대 우도 추정량이 점근 불편성을 가지는 것도 알 수 있다. 또한, 분산 공분산 행렬 $\frac{1}{n}\boldsymbol{F}(\boldsymbol{\theta}^*)^{-1}$는 점근적으로 영행렬로 수렴하기 때문에, 5.3절에 나온 편중항과 분산항도 모두 0으로 수렴한다. 따라서 편중항과 분산항의 합인 기대 제곱 오차(expected mean square error)도 함께 0으로 수렴한다. 또한, 위의 결과에서 크래머 라오 부등식의 최소 한도에 도달하는 것도 알 수 있기 때문에, 최대 우도 추정량은 점근 유효성을 가지는 것을 확인할 수 있다.

연습 5.2: 중심 극한 정리를 컴퓨터 실험을 통해 확인하라. 예를 들어, 1차원 균일 분포에 독립적으로 따르는 확률 변수 $\{x_i\}_{i=1}^n$를 생성하고, 그 평균 $\overline{x}_n$를 계산하라. 그리고 이것을 여러 번 반복하고, $\overline{x}_n$의 히스토그램을 그래프로 나타내어라. ■

힌트: 프로그램의 예를 그림 5.5에 제시한다. □

최대 우도 추정량은 일치성과 점근 불편성을 가진 추정량으로 학습 표본 수가 무한이 많은 경우에 그 효용성이 이론적으로 보장된다. 또한, 최대 우도 추정량은 점근 유효성을 가지므로, 학습 표본 수가 무한히 크지 않더라도 충분히 큰 데이터만 있으면 작은 분산의 신뢰성 높은 추정량을 갖게 된다.

학습 표본 수가 많지 않은 경우에는 최대 우도 추정량이 좋은 것만은 아니다. 유효성은 어디까지나 불편 추정량 중에서 분산이 최소인 것을 보장할 뿐, 편중항과 분산항의 합인 평균 제곱 오차를 최소화하는 것을

```
clear all
n=100; sgs=1/12/n;
x=linspace(-1,1,100)/sqrt(n);
y=1/sqrt(2*pi*sgs)*exp(-x.^2/(2*sgs));
for i=1:10000
   c=rand(1,n)-0.5; cc(i)=mean(c);
end
subplot(2,1,1)
hist(cc,20), axis([min(x) max(x) 0 inf])
subplot(2,1,2)
plot(x,y,'r-'), axis([min(x) max(x) 0 inf])
```

그림 5.5: 중심 극한 정리를 확인하기 위한 프로그램의 예

보장하는 것은 아니다. 실제로 약간의 편중값을 가진 추정의 분산이 유효 추정량의 분산보다 훨씬 작을 수 있다. 이런 경우 불편이 아닌 추정량이 유효 추정량보다 기대 제곱 오차의 의미에서 더 좋은 결과를 얻을 때가 있다. 이것에 관한 것은 9장에서 자세히 논의한다.

6장　선형 판별 분석을 사용한 필기 인식

4장에서는 최우 추정의 정의를 설명했고, 가우시안 모델의 최우 추정에 의해 선형 판별 분석이라는 패턴 인식 기술을 구현할 수 있음을 보였다. 또한, 5장에서는 최우 추정이 이론적으로 우수한 성질을 가지고 있다는 것을 설명했다. 이 장에서는 선형 판별 분석을 Octave로 구현하는 방법을 보이고, 그 유용성을 필기 인식 예를 통해 설명한다.

6.1　숫자 필기 데이터를 로드하여 표시하기

먼저,

`ftp://ftp2.ohmsha.co.jp/link/978-4-274-50248-4/tegaki-suji-data.zip`

에서 숫자 필기 데이터 'digit.mat'를 다운로드한다. 그리고 다음과 같이, 필기 숫자 데이터를 읽어 들인다.

```
> load digit.mat
```

이 명령은 파일에서 X와 T라는 두 개의 변수를 읽어 온다. X에는 학습용 문자 데이터가, 그리고 T에는 테스트용 문자 데이터가 각각 저장되어 있다. 정의된 변수 목록은 whos 명령으로 확인할 수 있다.

```
> whos
```

```
> whos

Variables in the current scope:

  Attr Name        Size                     Bytes  Class
  ==== ====        ====                     =====  =====
       T         256x200x10             4096000  double
       X         256x500x10            10240000  double
       ans         1x11                       92  cell

Total is 1792011 elements using 14336092 bytes
```

그림 6.1: whos 커맨드 출력

whos의 커맨드 출력을 그림 6.1에 제시한다.

여기서 X와 T는 3개의 층을 가진 **텐서**(tensor)이다. 이것은 3개의 인수를 가지는 배열이고, 3×3 행렬은 아니다. 행렬을 사각형에 비유한다면, 3층 텐서는 직육면체다(그림 6.2 참조). 하나의 필기 데이터는 256차원의 벡터로 표현되고 있다. 이것은 16×16픽셀의 이미지 데이터를 일렬로 정렬한 벡터이며(그림 1.4(b) 참조), 각각의 요소는 -1에서 1까지의 실숫값을 갖는다. 값이 -1일 때 화소는 검정색, 값이 1일 경우의 화소는 흰색이다. 변수 X는 '0'에서 '9'까지 각 숫자가 500글자씩, 변수 T에는 '0'에서 '9'까지의 각 숫자가 200글자씩 포함되어 있다. 예를 들면, 23번째의 학습용 필기 숫자 '5'를 변수 x에 할당하고 싶을 때는

```
> x=X(:,23,5);
```

처럼 하면 된다. 필기 숫자 '0'의 데이터는 세 번째 인수가 10인 경우에

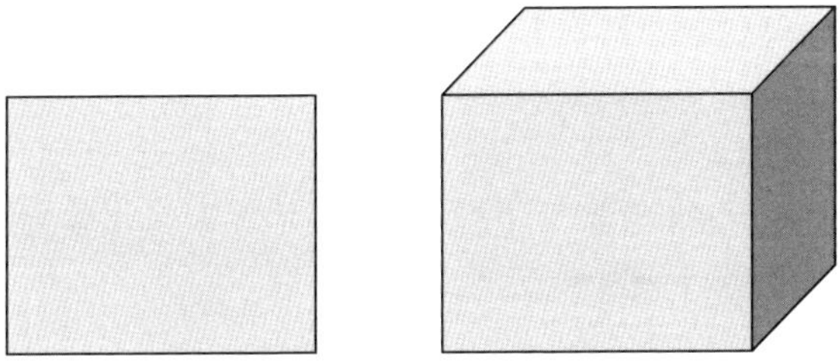

그림 6.2: 행렬(왼쪽)과 3층 텐서(오른쪽)의 이미지

해당하므로 주의해야 한다.

읽어 들인 필기 데이터의 이미지는 다음과 같이 표시할 수 있다.

```
> colormap(gray)
> imagesc(reshape(x,[16 16])')
```

6.2 선형 판별 분석의 구현

필기 숫자 '1'과 '2'를 분류하는 문자 인식기를 만들어 보자. 우선은 메모리를 비우고 필기 데이터를 다시 파일에서 읽어 들인다.

```
> clear all
> load digit.mat
```

여기에서는, '1'과 '2'의 각 분류 항목에 속하는 패턴이 각각 독립적으로 서로 다른 기댓값과 같은 공분산 행렬을 갖는 정규 분포를 따른다고 가정한다.

$$\{\boldsymbol{x}_i\}_{i:y_i=1} \stackrel{i.i.d.}{\sim} N(\boldsymbol{\mu}_1, \boldsymbol{\Sigma}), \quad \{\boldsymbol{x}_i\}_{i:y_i=2} \stackrel{i.i.d.}{\sim} N(\boldsymbol{\mu}_2, \boldsymbol{\Sigma})$$

이와 같은 조건으로 테스트 패턴이 주어졌을 때 그 패턴이 각 분류 항목에 속하는 사후 확률을 계산하자. 그러기 위해서는 우선 각 분류 항목의 학습 표본의 평균을 추정할 필요가 있다. 이것은 다음과 같이 계산한다.

```
> mu1=mean(X(:,:,1),2);
> mu2=mean(X(:,:,2),2);
```

또한 두 카테고리에 공통의 분산 공분산 행렬도 추정할 필요가 있다. 이것은 다음과 같이 계산한다.

```
> S=(cov(X(:,:,1)')+cov(X(:,:,2)'))/2;
```

이들을 이용하여 테스트 패턴에 대한 각 범주의 사후 확률을 다음과 같이 계산할 수 있다.

```
> t=T(:,1,2);
> invS=inv(S);
> p1=t'*invS*mu1-mu1'*invS*mu1/2;
> p2=t'*invS*mu2-mu2'*invS*mu2/2;
```

단, 불필요한 상수는 무시하고 있다. inv(s)에 대해

```
warning: inverse: matrix singular...
```

라는 경고가 나올 수도 있지만, 일단은 무시하기로 하자. 테스트 패턴의 판별을 위해서는, 사후 확률의 차이의 부호를 살펴보면 된다.

```
> sign(p1-p2)
ans = -1
```

이 예제에서는, 테스트 패턴은 분류 항목 2(즉 숫자 '2')로 분류되었다. 즉, 테스트 패턴은 올바르게 인식되었다. 위의 값이 '1'이면, 테스트 패턴은 분류 항목 1(즉 숫자 '1')로 분류된 것이다.

분류 항목 2에 속하는 것으로 알고 있는 테스트 패턴 전체의 판별 결과는

```
> t=T(:,:,2);
> p1=mu1'*invS*t-mu1'*invS*mu1/2;
> p2=mu2'*invS*t-mu2'*invS*mu2/2;
> result=sign(p1-p2);
```

에 의해 계산할 수 있다. p1과 p2는 행벡터임을 주의한다. 이 결과를 정리하면 다음과 같다.

```
> sum(result==-1)
ans = 198
> sum(result~=-1)
ans = 2
```

즉, 200개의 필기 숫자 '2'의 테스트 패턴 중 198개는 올바르게 판별되었고, 나머지 2개는 잘못 판별되었다. 즉 99%의 정답률을 가진다.

```
> find(result~=-1)
ans =
   69   180
```

위와 같은 확인 과정을 통해서, 잘못 식별된 것은 69번째와 180번째 테스트 패턴임을 알 수 있다. 이러한 패턴이 어떤 문자인지는

```
> imagesc(reshape(t(:,69),[16 16])')
```

등과 같은 방법으로 확인할 수 있다(그림 6.3 참조). 69번째 테스트 패턴은 사람이 보기에도 잘못 판별할 것 같은 문자다.

연습 6.1: 위의 설정하에서 분류 항목 1에 속하는 것으로 알려진 테스트 패턴 모두의 판별 결과를 살피고 잘못 판별된 패턴이 어떤 것인지를 확인한다. ■

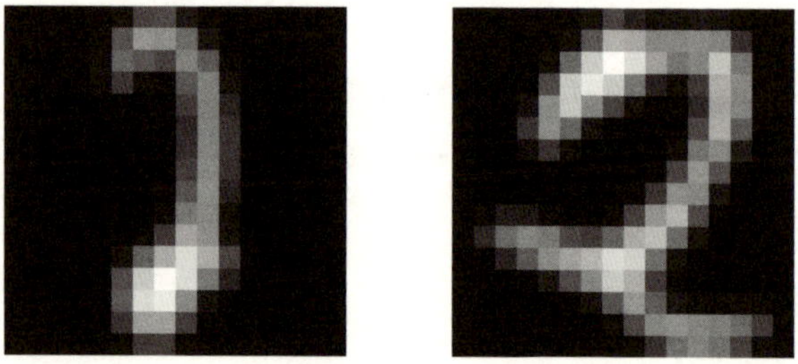

(a) 69번째 테스트 패턴 (b) 180번째 테스트 패턴

그림 6.3: 잘못 식별된 테스트 패턴

6.3 2개 이상 분류 항목 문자 인식 결과 평가

다음으로, '1', '2', '3'의 3개의 카테고리 데이터를 사용하여 필기 숫자 인식을 한다. 방법은 앞 절의 경우와 거의 동일하다. 즉, 각 카테고리에 속하는 패턴의 기댓값과 공통의 공분산 행렬을 학습 표본에서 추정하고, 테스트 패턴에 대한 각 분류 항목의 사후 확률을 계산한다. 그리고 사후 확률이 최대인 분류 항목으로 테스트 패턴을 분류한다.

실험 결과를 **오차 행렬**(confusion matrix)로 정리해 놓으면 편리하다. 오차 행렬이란 분류 항목 y에 속할 패턴을 분류 항목 y'에 속한다고 판정한 횟수를 (y, y')의 요소로 삼은 행렬이다. 그림 6.4에 예제 프로그램을 보인다.

이에 의해 얻을 수 있는 오차 행렬은

```
> C
C =
  199    1    0
    0  192    8
    0    2  198
```

이 되고, 인식 결과는 다음과 같이 정리된다.

- '1'의 테스트 패턴은 199개가 올바르게 인식되었고 나머지 1개는 '2'로 인식되었다.
- '2'의 테스트 패턴은 192개가 올바르게 인식되었고 나머지 8개는 '3'으로 인식되었다.
- '3'의 테스트 패턴은 198개가 올바르게 인식되었고 나머지 2개는 '2'로 인식되었다.

연습 6.2: '0'부터 '9'의 모든 카테고리의 데이터를 사용하여 필기 숫자 인식을 시행하고, 인식 결과를 오차 행렬에 정리한다. ■

```
clear all
load digit.mat X T
[d,n,nc]=size(X);

nc=3;
S=zeros(d,d);
for c=1:nc
   mu(:,c)=mean(X(:,:,c),2);
   S=S+cov(X(:,:,c)')/nc;
end
invS=inv(S);

for ct=1:nc
   for c=1:nc
      muc=mu(:,c);
      t=T(:,:,ct);
      p(ct,:,c)=t'*invS*muc-muc'*invS*muc/2;
   end
end

[pmax P]=max(p,[],3);
for ct=1:nc
   for c=1:nc
      C(ct,c)=sum(P(ct,:)==c);
   end
end
```

그림 6.4: 2개 이상의 카테고리 문자 인식 프로그램의 예

7장 최대 우도 추정법의 모델 선택

지금까지는 파라메트릭 모델이 주어진 상태를 가정하고 파라미터를 어떻게 결정할 것인지에 대해 설명했다. 이미 모델이 주어져 있을 때에는 그 모델을 사용하면 되지만 현실 문제에서는 어떤 모델을 사용할 것인지 미리 정해져 있지 않은 경우가 많다. 이 장에서는 적절한 파라메트릭 모델을 선택하는 방법을 설명한다.

7.1 모델 선택이란?

4장에서 설명했듯이, 가우스 모델에도 여러가지 종류가 있다.

(A) 분산 공분산 행렬 $\mathbf{\Sigma}$이 임의의 양정치 대칭 행렬일 경우:

$$q(\boldsymbol{x};\boldsymbol{\mu},\mathbf{\Sigma}) = \frac{1}{(2\pi)^{\frac{d}{2}}\det(\mathbf{\Sigma})^{\frac{1}{2}}}\exp\left(-\frac{1}{2}(\boldsymbol{x}-\boldsymbol{\mu})^\top\mathbf{\Sigma}^{-1}(\boldsymbol{x}-\boldsymbol{\mu})\right)$$

(B) 분산 공분산 행렬 $\mathbf{\Sigma}$이 대각 행렬에서 다른 대각 성분을 가질 경우:

$$q(\boldsymbol{x};\boldsymbol{\mu},\sigma^{(1)},\ldots,\sigma^{(d)}) = \prod_{j=1}^{d}\frac{1}{\sqrt{2\pi(\sigma^{(j)})^2}}\exp\left(-\frac{(x^{(j)}-\mu^{(j)})^2}{2(\sigma^{(j)})^2}\right)$$

(C) 공분산 행렬 $\mathbf{\Sigma}$이 대각 행렬에서 같은 대각 성분을 가질 경우:

$$q(\boldsymbol{x};\boldsymbol{\mu},\sigma) = \frac{1}{(2\pi\sigma^2)^{\frac{d}{2}}}\exp\left(-\frac{(\boldsymbol{x}-\boldsymbol{\mu})^\top(\boldsymbol{x}-\boldsymbol{\mu})}{2\sigma^2}\right)$$

파라메트릭 방법에서는 모델이 실제 확률 밀도 함수를 잘 근사하지 않으면 좋은 추정 결과를 얻는 것을 기대하지 못한다. 때문에 모델 선택 시에는 실제 확률 밀도 함수를 포함하고 있을 법한 표현력이 풍부한 모델을 선택하는 것이 좋다. 한편, 최대 우도 추정법이 가지는 장점들은 학습용 표본 수가 (파라미터 수에 비해 상대적으로) 충분히 많은 경우에만 보장된다(4장 참조). 이런 입장에서는 파라미터가 적은 단순한 모델을 택하는 것이 바람직하다. 현실에서는 이 상반된 두 개의 다른 선호도를 균형 있게 충족시키는 알맞은 복잡도를 지닌 모델을 선택할 필요가 있다. 어느 정도로 복잡한 모델이 적합할지는 실제 확률 분포와 수중에 가지고 있는 학습 표본에 따라 달라진다. 학습용 표본을 이용한 최적의 모델 선택을 해보기 위해 여기에서는 다음과 같은 단계를 생각한다.

1. 여러 개의 파라메트릭 모델 $\{q_m(\boldsymbol{x};\boldsymbol{\theta})\}_m$을 준비한다.

2. 각 모델 m에 대해 파라미터의 최대 우도 추정 $\widehat{\boldsymbol{\theta}}_m$을 구한다.

3. 각 모델 m에서 얻어진 확률 밀도 함수의 추정량 $\widehat{p}_m(\boldsymbol{x})$을

$$\widehat{p}_m(\boldsymbol{x}) = q_m(\boldsymbol{x};\widehat{\boldsymbol{\theta}}_m)$$

   로 정한다.

4. $\{\widehat{p}_m(\boldsymbol{x})\}_m$ 중에서 실제 확률 밀도 함수 $p(\boldsymbol{x})$에 가장 가까운 것을 골라 이를 최종적인 확률 밀도의 추정량으로 한다.

이렇게 모델의 집합 중에서 가장 좋은 것을 선택하는 것을 **모델 선택**(model selection)이라고 한다. 지금까지 다양한 설정의 많은 모델 선택 방법이 사용되고 있는데, 이 장에서는 간결하고 실용성이 높은 **정보량 기준**(information criterion)을 소개한다. 또한 12.4에서는 보다 일반적인 **우도 교차 검증법**(likelihood cross validation)을 소개한다.

7.2 확률 밀도 함수의 근접성 측정 기준

모델 선택을 하려면 추정된 확률 밀도 함수 $\widehat{p}(\boldsymbol{x})$의 타당성을 평가해 줄 측정 기준이 필요하다. 여기에서는 실제의 확률 밀도 함수 $p(\boldsymbol{x})$와의 **쿨백 라이블러 정보량**(Kullback-Leibler information)을 평가 기준으로 사용한다.

$$\mathrm{KL}(p\|\widehat{p}) := \mathbb{E}_{\boldsymbol{x}}\left[\log \frac{p(\boldsymbol{x})}{\widehat{p}(\boldsymbol{x})}\right] \tag{7.1}$$

$\mathbb{E}_{\boldsymbol{x}}$는 $\boldsymbol{x}$에 대한 기댓값을 나타낸다.

$$\mathbb{E}_{\boldsymbol{x}}[f(\boldsymbol{x})] := \int f(\boldsymbol{x})p(\boldsymbol{x})d\boldsymbol{x}$$

쿨백 라이블러 정보량은, 일반적으로 대칭성을 만족시키지 못한다. 즉,

$$\mathrm{KL}(p\|\widehat{p}) \neq \mathrm{KL}(\widehat{p}\|p)$$

이다. 따라서, 쿨백 라이블러 정보량은 수학적인 의미에서의 거리를 뜻하진 않는다.[1] 그러나, 쿨백 라이블러 정보량은 항상

$$\mathrm{KL}(p\|\widehat{p}) \geq 0$$

을 만족하고, 또한 $\mathrm{KL}(p\|\widehat{p}) = 0$이 되기 위한 필요충분조건이 $\widehat{p}(\boldsymbol{x}) = p(\boldsymbol{x})$이 되는 성질을 가지고 있다. 따라서, 쿨백 라이블러 정보량이 작을 때, $\widehat{p}(\boldsymbol{x})$는 $p(\boldsymbol{x})$의 적절한 근삿값이라고 말할 수 있다.

쿨백 라이블러 정보량에는 미지의 확률 밀도 함수 $p(\boldsymbol{x})$가 포함되어 있기 때문에, 직접 계산할 수는 없다. 여기서 식 (7.1)을 다음과 같이

[1] 함수 $\mathrm{dist}: X \times X \to \mathbb{R}$ 가 임의의 $x, y, z \in X$에 대해,

$$\mathrm{dist}(x,y) \geq 0, \qquad \mathrm{dist}(x,y) = \mathrm{dist}(y,x),$$
$$\mathrm{dist}(x,y) = 0 \Longleftrightarrow x = y, \qquad \mathrm{dist}(x,y) + \mathrm{dist}(y,z) \geq \mathrm{dist}(x,z)$$

를 모두 충족할 때, $\mathrm{dist}(x,y)$를 X 위의 **거리 함수**(distance function)라고 한다.

변형한다.

$$\mathrm{KL}(p\|\widehat{p}) = \underbrace{\mathbb{E}_{\boldsymbol{x}}\left[\log p(\boldsymbol{x})\right]}_{\text{음의 엔트로피}} - \underbrace{\mathbb{E}_{\boldsymbol{x}}\left[\log \widehat{p}(\boldsymbol{x})\right]}_{\text{기대 로그 우도}}$$

첫 번째 항은 $p(\boldsymbol{x})$의 **엔트로피**(entropy)와 관련된 값으로 $\widehat{p}(\boldsymbol{x})$에 의존하지 않는 상수다. 지금 우리가 관심 있는 것은 각 모델에 대한 쿨백 라이블러 정보량을 비교하는 것이기 때문에, 상수인 엔트로피의 항은 무시하고 두 번째 기대 로그 우도항에 주목하도록 한다.

다만 기대 로그 우도에도 아직 알려지지 않은 $p(\boldsymbol{x})$에 대한 기댓값이 포함되어 있기 때문에 역시 직접 계산할 수는 없다. 기댓값의 가장 단순한 추정법은 표본 평균이다. 즉, $p(\boldsymbol{x})$에 따라 생성된 i.i.d. 표본 $\{\boldsymbol{x}_i\}_{i=1}^{n}$을 사용하여 기대 로그 우도를 표본 평균 로그 우도로 근사한다.

$$\mathbb{E}_{\boldsymbol{x}}[\log \widehat{p}(\boldsymbol{x})] \approx \frac{1}{n}\sum_{i=1}^{n}\log \widehat{p}(\boldsymbol{x}_i)$$

이로부터, 표본 평균 로그 우도를 최소화하는 모델을 선택하면 쿨백 라이블러 정보량이 가장 작은 모델을 선택할 수 있다고 생각할 수 있다.

그러나 로그 우도의 표본 평균을 모델 선택에 사용하면, 항상 가장 복잡한 모델을 선택해 버리는 치명적인 문제가 발생하게 되며 이는 실용적이지 않다. 이에 대한 설명으로 이 장의 맨 처음에 나와 있는 세 종류의 가우시안 모델 (A), (B), (C) 중에서 가장 좋은 것을 고르는 상황을 설정해 보자. 이 모델 집합은 중첩된 구조를 가진다. 즉, 공분산 행렬 $\boldsymbol{\Sigma}$이 대각 행렬에서 동일한 대각 성분을 가지는 가우스 모형 (C)는 공분산 행렬 $\boldsymbol{\Sigma}$이 대각 행렬에서 다른 성분을 가지는 가우스 모델 (B)의 특별한 경우다. 따라서, 모델 (C)에서 우도를 최대로 하는 해답은 모델 (B)에 언제나 포함되어 있고, 모델 (B)는 최소한 모델 (C)와 같은 크기의 우도를 가질 수 있다. 마찬가지로, 가우스 모델 (B)는, 양정치 행렬을 공분산 행렬 $\boldsymbol{\Sigma}$로 가지는 가우스 모델 (A)의 특별한 경우다. 따라서 모델 (A)

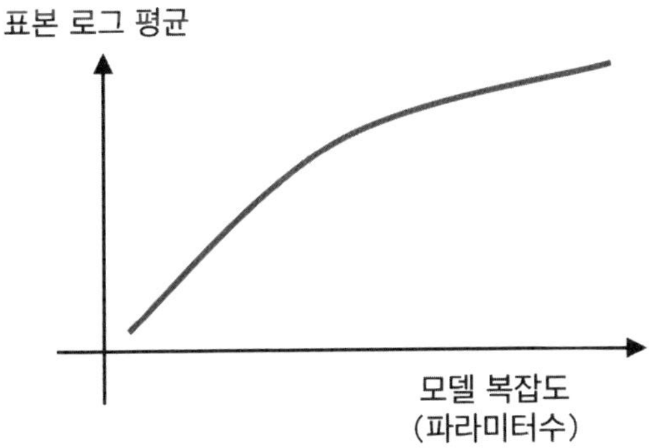

그림 7.1: 평균 로그 우도는 모델이 복잡할수록 단조 증가한다.

는 최소한 모델 (B)나 (C)와 같은 크기의 우도를 가질 수 있다. 이 예를 보았을 때, 중첩 구조를 가진 모델 집합에 대해 평균 로그 우도를 이용한 모델 선택을 실시하게 되면, 언제나 가장 복잡한 모델(위의 예에서는 가우스 모델 (A))이 선택되는 것을 알 수 있다(그림 7.1).

7.3 아카이케의 정보량 기준

앞 절에서 설명한 것처럼, 로그 우도의 표본 평균을 모델 선택에 사용하면 언제나 가장 복잡한 모델이 선택되어 버린다. 로그 우도의 표본 평균이 기대 로그 우도의 좋은 추정량이 아니기 때문이다. 모델 선택을 위해서는 더 나은 예상 로그 우도의 추정량이 필요하다. **아카이케의 정보량 기준**(Akaike's information criterion; AIC)은 보다 발전된 기대 로그 우도의 추정치다[1].

아카이케의 정보량 기준은 다음 식과 같이 정의된다.

$$\mathrm{AIC} := -\sum_{i=1}^{n} \log q(\boldsymbol{x}_i; \widehat{\boldsymbol{\theta}}_{\mathrm{ML}}) + t \tag{7.2}$$

AIC의 제1항은 음의 로그 우도이며, 제2항은 모델 파라미터의 차원 수(즉 파라미터의 수)다.[2] 따라서 AIC는 음의 로그 우도값을 파라미터의 수로 보정한 것과 같다.

AIC를 이용하면 어째서 적당한 복잡성을 가진 모델이 선택되는지 직관적으로 설명할 수 있다. 이전 절에서 말한 것처럼 음의 로그 우도는 파라미터 수를 늘리면 단조롭게 증가한다(그림 7.1 참조. 부호가 반전되어 있는 것에 주의한다). 한편, 두 번째 항의 파라미터 수 자체는 파라미터 수에 관한 단조 증가 함수다. AIC는 이러한 상반되는 두 단조 함수들을 서로 더한 값이다. 복잡한 파라메트릭 모델은 다양한 확률 밀도 함수를 표현할 수 있어 학습 표본에 적용하기가 좋고 로그 우도가 커지는 경향이 있다. 따라서 AIC의 제1항은 작아지지만 모델이 복잡한 만큼 파라미터의 차원이 높아지므로 AIC의 제2항은 커지게 된다. 한편, 단순한 파라메트릭 모델을 사용하면 파라미터의 차원 수가 낮기 때문에 AIC의 제2항은 작아진다. 하지만 복잡한 확률 밀도 함수를 표현할 수 없으므로 로그 우도가 작아지게 되어 AIC의 제1항이 커진다. 따라서, 너무 복잡하거나 너무 단순한 두 가지 모델 모두에 대해 AIC는 큰 값을 가지게 되고 이러한 모델들은 선택되지 않는다. 한편, 알맞게 복잡한 모델에 대해서는 AIC의 제1항과 제2항이 모두 알맞게 작아짐으로써 결과적으로 그러한 모델이 선정되게 된다(그림 7.2).

다양한 과학 분야에서 **오컴의 면도날**(Occam's razor)이라는 원리가 자주 등장한다. 오컴은 영국의 철학자로, "불필요하게 가설의 수를 늘려서는 안 된다"는 말로 유명하다. 이는 "어떠한 하나의 현상을 설명하는 가설이 여러 가지 있을 때 가장 단순한 가설을 선택해야 한다"라고 해석할 수 있어서 **사고 절약의 원리**(principle of parsimony)라고 불리기도 한다. 이렇게 비과학적으로 보이는 원리가 현대 과학 이론을 구축하는 기본적인 지침으로 사용되기도 한다. AIC는 모델 선택을 하는 데 있어서, 오컴의 면도날의 수학적 기술로 해석된다. 즉 '현상을 비슷한 정도로

[2]식 (7.2)의 2배를 AIC로 정의하는 것도 있다.

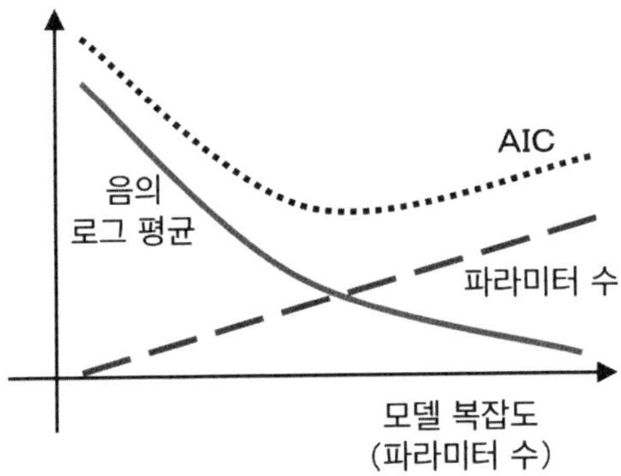

그림 7.2: 아카이케의 정보량 기준(AIC)은 음의 로그 우도에 파라미터 수를 추가하기 때문에, AIC를 최소화하도록 모델을 선택하면 알맞은 복잡도를 지는 모델이 선택된다.

설명하는 가설'을 '우도가 동일한 모델'이라고 보면, '단순한 것'은 '파라미터의 수가 적은 모델'에 해당한다. 우도는 동일하고 파라미터의 수가 다른 모델에 AIC를 적용하면 파라미터 수가 적은 것이 선택된다. 따라서 AIC에 따른 모델 선택은 오컴의 면도날의 원리에 따른 선택 결과와 같다.

이제 AIC의 이론적 타당성을 알아보자. 우선, $q(\boldsymbol{x}; \widehat{\boldsymbol{\theta}}_{\mathrm{ML}})$에 대한 음의 기대 로그 우도를

$$J := -\mathbb{E}_{\boldsymbol{x}}[\log q(\boldsymbol{x}; \widehat{\boldsymbol{\theta}}_{\mathrm{ML}})]$$

로 정의하고, 파라미터 $\boldsymbol{\theta}^*$를 다음과 같이 정의한다.

$$\boldsymbol{\theta}^* := \underset{\boldsymbol{\theta}}{\operatorname{argmax}}\, \mathbb{E}_{\boldsymbol{x}}[\log q(\boldsymbol{x}; \boldsymbol{\theta})]$$

점근 이론(asymptotic theory)에 의하면, 학습용 표본 $\{\boldsymbol{x}_i\}_{i=1}^n$를 이용해

계산한 J의 기댓값은, $\boldsymbol{\theta}^*$를 이용해 아래와 같이 전개할 수 있다[38].

$$\mathbb{E}[J] = -\mathbb{E}\left[\frac{1}{n}\sum_{i=1}^{n}\log q(\boldsymbol{x}_i;\widehat{\boldsymbol{\theta}}_{\mathrm{ML}})\right] + \frac{1}{n}\mathrm{tr}(\boldsymbol{Q}(\boldsymbol{\theta}^*)\boldsymbol{G}(\boldsymbol{\theta}^*)^{-1}) + o(n^{-1}) \tag{7.3}$$

$\mathbb{E}$는 학습 표본 $\{\boldsymbol{x}_i\}_{i=1}^n$에 따른 기댓값을 나타낸다.

$$\mathbb{E}[f(\boldsymbol{x}_1,\ldots,\boldsymbol{x}_n)] := \int\cdots\int f(\boldsymbol{x}_1,\ldots,\boldsymbol{x}_n)p(\boldsymbol{x}_1)\cdots p(\boldsymbol{x}_n)d\boldsymbol{x}_1\cdots d\boldsymbol{x}_n$$

기호 $o(\cdot)$는 '스몰 오'라고 부르고,

$$\lim_{n\to\infty}\frac{f(n)}{g(n)} = 0$$

를 만족할 때,

$$f(n) = o(g(n))$$

로 나타낸다. 따라서, $o(n^{-1})$는 n^{-1}보다 차수가 작은 항을 의미한다. $\boldsymbol{Q}(\boldsymbol{\theta})$와 $\boldsymbol{G}(\boldsymbol{\theta})$는 다음과 같이 정의된 $t\times t$ 행렬이다.

$$Q_{\ell,\ell'}(\boldsymbol{\theta}) := \mathbb{E}_{\boldsymbol{x}}\left[\frac{\partial}{\partial\theta^{(\ell)}}\log q(\boldsymbol{x};\boldsymbol{\theta})\frac{\partial}{\partial\theta^{(\ell')}}\log q(\boldsymbol{x};\boldsymbol{\theta})\right]$$
$$G_{\ell,\ell'}(\boldsymbol{\theta}) := -\mathbb{E}_{\boldsymbol{x}}\left[\frac{\partial^2}{\partial\theta^{(\ell)}\partial\theta^{(\ell')}}\log q(\boldsymbol{x};\boldsymbol{\theta})\right]$$

$\boldsymbol{Q}(\boldsymbol{\theta})$는 **피셔 정보 행렬**(Fisher information matrix)과 비슷하지만, $q(\boldsymbol{x};\boldsymbol{\theta})$가 아닌 실제의 분포 $p(\boldsymbol{x})$에서 기댓값을 취하고 있는 점에 주의한다. $\boldsymbol{G}(\boldsymbol{\theta})$는 $\log q(\boldsymbol{x};\boldsymbol{\theta})$의 **헤시안 행렬**(Hessian matrix)의 기댓값에 음수를 취한 것이다.

음의 기대 헤시안 행렬 $G_{\ell,\ell'}(\boldsymbol{\theta})$은, 다음과 같이 변형할 수 있다.

$$\begin{aligned}
G_{\ell,\ell'}(\boldsymbol{\theta}) &= -\mathbb{E}_{\boldsymbol{x}}\left[\frac{\partial^2}{\partial\theta^{(\ell)}\partial\theta^{(\ell')}}\log q(\boldsymbol{x};\boldsymbol{\theta})\right] \\
&= -\mathbb{E}_{\boldsymbol{x}}\left[\frac{\partial}{\partial\theta^{(\ell')}}\frac{\frac{\partial}{\partial\theta^{(\ell)}}q(\boldsymbol{x};\boldsymbol{\theta})}{q(\boldsymbol{x};\boldsymbol{\theta})}\right] \\
&= -\mathbb{E}_{\boldsymbol{x}}\left[\frac{\frac{\partial^2}{\partial\theta^{(\ell)}\partial\theta^{(\ell')}}q(\boldsymbol{x};\boldsymbol{\theta})}{q(\boldsymbol{x};\boldsymbol{\theta})}\right] + \mathbb{E}_{\boldsymbol{x}}\left[\frac{\frac{\partial}{\partial\theta^{(\ell)}}q(\boldsymbol{x};\boldsymbol{\theta})}{q(\boldsymbol{x};\boldsymbol{\theta})}\frac{\frac{\partial}{\partial\theta^{(\ell')}}q(\boldsymbol{x};\boldsymbol{\theta})}{q(\boldsymbol{x};\boldsymbol{\theta})}\right] \\
&= -\mathbb{E}_{\boldsymbol{x}}\left[\frac{\frac{\partial^2}{\partial\theta^{(\ell)}\partial\theta^{(\ell')}}q(\boldsymbol{x};\boldsymbol{\theta})}{q(\boldsymbol{x};\boldsymbol{\theta})}\right] \\
&\quad + \mathbb{E}_{\boldsymbol{x}}\left[\frac{\partial}{\partial\theta^{(\ell)}}\log q(\boldsymbol{x};\boldsymbol{\theta})\frac{\partial}{\partial\theta^{(\ell')}}\log q(\boldsymbol{x};\boldsymbol{\theta})\right] \\
&= -\int\frac{\frac{\partial^2}{\partial\theta^{(\ell)}\partial\theta^{(\ell')}}q(\boldsymbol{x};\boldsymbol{\theta})}{q(\boldsymbol{x};\boldsymbol{\theta})}p(\boldsymbol{x})d\boldsymbol{x} + Q_{\ell,\ell'}(\boldsymbol{\theta})
\end{aligned}$$

여기서 파라메트릭 모델이 실제의 확률 밀도 함수 $p(\boldsymbol{x})$를 포함하는 경우를 생각해 본다. 즉 J를 최소화하는 파라미터 $\boldsymbol{\theta}^*$는

$$q(\boldsymbol{x};\boldsymbol{\theta}^*) = p(\boldsymbol{x})$$

를 만족한다. 이때,

$$G_{\ell,\ell'}(\boldsymbol{\theta}^*) = -\int\frac{\partial^2}{\partial\theta^{(\ell)}\partial\theta^{(\ell')}}q(\boldsymbol{x};\boldsymbol{\theta})\bigg|_{\boldsymbol{\theta}=\boldsymbol{\theta}^*}d\boldsymbol{x} + Q_{\ell,\ell'}(\boldsymbol{\theta}^*) \qquad (7.4)$$

가 성립한다.

그런데 파라메트릭 모델 $q(\boldsymbol{x};\boldsymbol{\theta})$는 확률 밀도 함수이므로,

$$\int q(\boldsymbol{x};\boldsymbol{\theta})d\boldsymbol{x} = 1$$

을 만족한다. 이 양변을 $\theta^{(\ell)}$와 $\theta^{(\ell')}$로 편미분하면

$$\frac{\partial^2}{\partial\theta^{(\ell)}\partial\theta^{(\ell')}}\int q(\boldsymbol{x};\boldsymbol{\theta})d\boldsymbol{x} = 0$$

을 얻을 수 있다. 여기에서, 편미분과 적분의 순서가 바뀐다고 가정하면,

$$\int \frac{\partial^2}{\partial\theta^{(\ell)}\partial\theta^{(\ell')}} q(\boldsymbol{x};\boldsymbol{\theta})d\boldsymbol{x} = 0$$

가 성립하고, 식 (7.4)에서

$$G_{\ell,\ell'}(\boldsymbol{\theta}^*) = Q_{\ell,\ell'}(\boldsymbol{\theta}^*)$$

를 얻을 수 있다. 즉 $\boldsymbol{G}(\boldsymbol{\theta}^*)$와 $\boldsymbol{Q}(\boldsymbol{\theta}^*)$는 일치한다. 여기서, 식 (7.3)의 우변 두 번째 항은

$$\mathrm{tr}(\boldsymbol{Q}(\boldsymbol{\theta}^*)\boldsymbol{G}(\boldsymbol{\theta}^*)^{-1}) = \mathrm{tr}(\boldsymbol{I}_t) = t$$

로 표현된다. $\boldsymbol{I}_t$는 t차원의 단위 행렬이다. 이렇게 AIC의 2번째 항이 얻어진다.

7.4 다케우치의 정보량 기준

위에서 설명한 것처럼, AIC의 유도에서는 파라메트릭 모델이 실제의 확률 밀도 함수 $p(\boldsymbol{x})$를 포함하는 것을 가정한다. 이 가정을 제거하고 일반화한 기준이 **다케우치의 정보량 기준**(Takeuchi's information criteiron; TIC)이다[38].

TIC는 다음과 같이 정의된다.

$$\mathrm{TIC} := -\sum_{i=1}^{n} \log q(\boldsymbol{x}_i;\widehat{\boldsymbol{\theta}}_{\mathrm{ML}}) + \mathrm{tr}(\widehat{\boldsymbol{Q}}(\widehat{\boldsymbol{\theta}}_{\mathrm{ML}})\widehat{\boldsymbol{G}}(\widehat{\boldsymbol{\theta}}_{\mathrm{ML}})^{-1})$$

여기서, $\widehat{\boldsymbol{Q}}(\widehat{\boldsymbol{\theta}}_{\mathrm{ML}})$와 $\widehat{\boldsymbol{G}}(\widehat{\boldsymbol{\theta}}_{\mathrm{ML}})$는 다음과 같이 정의된 $t \times t$ 행렬이다.

$$\widehat{Q}_{\ell,\ell'}(\widehat{\boldsymbol{\theta}}_{\mathrm{ML}}) := \frac{1}{n}\sum_{i=1}^{n} \frac{\partial}{\partial\theta^{(\ell)}} \log q(\boldsymbol{x}_i;\boldsymbol{\theta}) \frac{\partial}{\partial\theta^{(\ell')}} \log q(\boldsymbol{x}_i;\boldsymbol{\theta}) \bigg|_{\boldsymbol{\theta}=\widehat{\boldsymbol{\theta}}_{\mathrm{ML}}}$$

$$\widehat{G}_{\ell,\ell'}(\widehat{\boldsymbol{\theta}}_{\mathrm{ML}}) := -\frac{1}{n}\sum_{i=1}^{n} \frac{\partial^2}{\partial\theta^{(\ell)}\partial\theta^{(\ell')}} \log q(\boldsymbol{x}_i;\boldsymbol{\theta}) \bigg|_{\boldsymbol{\theta}=\widehat{\boldsymbol{\theta}}_{\mathrm{ML}}}$$

대수 법칙과 $\widehat{\boldsymbol{\theta}}_{\mathrm{ML}}$의 일치성에서, $\widehat{\boldsymbol{Q}}(\widehat{\boldsymbol{\theta}}_{\mathrm{ML}})$와 $\widehat{\boldsymbol{G}}(\widehat{\boldsymbol{\theta}}_{\mathrm{ML}})$는 $\boldsymbol{Q}(\boldsymbol{\theta}^*)$와 $\boldsymbol{G}(\boldsymbol{\theta}^*)$의 일치 추정량을 나타낸다.

$$\widehat{\boldsymbol{Q}}(\widehat{\boldsymbol{\theta}}_{\mathrm{ML}}) \xrightarrow{\mathrm{p}} \boldsymbol{Q}(\boldsymbol{\theta}^*), \quad \widehat{\boldsymbol{G}}(\widehat{\boldsymbol{\theta}}_{\mathrm{ML}}) \xrightarrow{\mathrm{p}} \boldsymbol{G}(\boldsymbol{\theta}^*)$$

TIC를 n으로 나눈 값의 기댓값은 J의 기댓값에 수렴하고, 그 오차는 n^{-1} 차수보다 작은 것이 알려져 있다.

$$\frac{1}{n}\mathbb{E}[\mathrm{TIC}] = \mathbb{E}[J] + o(n^{-1})$$

한편, 음의 평균 로그 우도를 그대로 J의 추정량으로 사용하면,

$$\mathbb{E}\left[-\frac{1}{n}\sum_{i=1}^{n}\log q(\boldsymbol{x}_i; \widehat{\boldsymbol{\theta}}_{\mathrm{ML}})\right] = \mathbb{E}[J] + \mathcal{O}(n^{-1})$$

이 된다. 여기서, 기호 $\mathcal{O}(\cdot)$는 '빅 오'라고 부르고,

$$\lim_{n\to\infty}\frac{f(n)}{g(n)} < \infty$$

를 만족할 때,

$$f(n) = \mathcal{O}(g(n))$$

로 나타낸다. 따라서, $\mathcal{O}(n^{-1})$는 차수가 n^{-1} 이하인 항을 가리킨다. 한편, $o(n^{-1})$는 n^{-1}보다 차수가 작은 항, 즉 차수가 n^{-1}인 항목은 포함하지 않기 때문에, TIC가 음의 평균 로그 우도보다 J의 추정의 정도가 좋다는 것을 의미한다.

이론적으로는 AIC보다 TIC가 더 일반적인 기술이지만 AIC가 간편하기 때문에 실제 문제에서는 AIC가 더 많이 사용된다.

연습 7.1: x가 기댓값 0, 공분산이 단위 행렬의 d차원 정규 분포를 따르는 확률 변수라 하자. $\boldsymbol{\mu}$ 또한 d차원 벡터, $\boldsymbol{\Sigma}$를 $d \times d$ 양정치 대칭 행렬이라 하면, $\boldsymbol{\Sigma}$의 고윳값과 고유벡터를 각각 $\{\lambda_j\}_{j=1}^d$와 $\{\phi_j\}_{j=1}^d$로 나타내 다음을 만족시킬 수 있다.

$$\boldsymbol{\Sigma}\boldsymbol{\phi}_j = \lambda_j\boldsymbol{\phi}_j$$

이때, 고윳값 $\{\lambda_j\}_{j=1}^d$는 모두 양수이며, $\boldsymbol{\Sigma}$는

$$\boldsymbol{\Sigma} = \sum_{j=1}^{d} \lambda_j \boldsymbol{\phi}_j \boldsymbol{\phi}_j^\top$$

로 분해가 된다. 여기서 $\boldsymbol{\Sigma}^{1/2}$를

$$\boldsymbol{\Sigma}^{1/2} := \sum_{j=1}^{d} \sqrt{\lambda_j} \boldsymbol{\phi}_j \boldsymbol{\phi}_j^\top$$

로 나타낼 수 있는데, 이때

$$\boldsymbol{z} = \boldsymbol{\Sigma}^{1/2} \boldsymbol{x} + \boldsymbol{\mu}$$

는 기댓값이 $\boldsymbol{\mu}$이고 공분산 행렬이 $\boldsymbol{\Sigma}$인 정규 분포를 따른다는 것을 나타내라. ■

연습 7.2: 다음의 세 가지 가우시안 모델 (A), (B), (C)를 생각해 보자.

(A) 공분산 행렬 $\boldsymbol{\Sigma}$가 임의의 양정치 대칭 행렬인 경우(공분산 행렬의 자유도는 $d(d+1)/2$):

$$q(\boldsymbol{x}; \boldsymbol{\mu}, \boldsymbol{\Sigma}) = \frac{1}{(2\pi)^{\frac{d}{2}} \det(\boldsymbol{\Sigma})^{\frac{1}{2}}} \exp\left(-\frac{1}{2} (\boldsymbol{x} - \boldsymbol{\mu})^\top \boldsymbol{\Sigma}^{-1} (\boldsymbol{x} - \boldsymbol{\mu}) \right)$$

(B) 공분산 행렬 $\boldsymbol{\Sigma}$가 대각 행렬인 경우. 하지만 각 대각 성분이 다른 경우(공분산 행렬의 자유도는 d):

$$\begin{aligned} & q(\boldsymbol{x}; \boldsymbol{\mu}, \sigma^{(1)}, \ldots, \sigma^{(d)}) \\ &= \prod_{j=1}^{d} \frac{1}{\sqrt{2\pi (\sigma^{(j)})^2}} \exp\left(-\frac{(x^{(j)} - \mu^{(j)})^2}{2(\sigma^{(j)})^2} \right) \end{aligned}$$

(C) 공분산 행렬 $\boldsymbol{\Sigma}$가 대각 행렬인 경우. 그리고 모든 대각 성분이 같은 경우(공분산 행렬의 자유도는 1):

$$q(\boldsymbol{x}; \boldsymbol{\mu}, \sigma) = \frac{1}{(2\pi\sigma^2)^{\frac{d}{2}}} \exp\left(-\frac{(\boldsymbol{x} - \boldsymbol{\mu})^\top (\boldsymbol{x} - \boldsymbol{\mu})}{2\sigma^2} \right)$$

2차원($d=2$)의 다양한 확률 분포(예를 들어, 2차원의 균일 분포 혹은 다양한 공분산 행렬을 가진 2차원 정규 분포)에서 적당한 개수의 학습용 표본을 생성하고 AIC를 사용해 모델 선택을 하라. 실제 분포를 변화시키며 결과가 어떻게 변화하는지 살펴보라. 학습용 표본의 개수를 변화시키며 결과가 어떻게 변화하는지 살펴보라.

위의 실험에 도움이 될 Octave 함수들을 아래에 정리한다.

- **rand(d,n);**
  $[0,1]^d$ **상에서 균일 분포를 따르는 서로 독립인** n**개의 확률 변숫값을 생성**

- **randn(d,n);**
  기댓값이 0이고 공분산 행렬이 단위 행렬인 정규 분포에 따르는 n**개의 서로 독립인** d**차원 확률 변숫값을 생성**

- **sqrtm(Sigma)*randn(d,n)+mu;**
  기댓값이 μ**이고 공분산 행렬이** Σ**인** d**차원 정규 분포에 따르는** n **개의 서로 독립인 확률 변숫값을 생성(행렬** Σ**와 벡터** μ**는 각각 정의한다.)**

- **A=randn(d,d)+eye(d,d); Sigma=A'*A;**
  적당한 d**차원 양정치 대칭 행렬** Σ**의 생성 예(행렬** A**는 역행렬을 갖는 행렬이기만 하면 무엇이든 상관없다.)**

■

8장 가우스 혼합 모델의 최대 우도 추정

4장에서 소개한 선형 판별 분석은 계산이 아주 간단하여 실용성이 높다. 하지만 각 분류 항목에 속하는 패턴을 단순한 가우스 모델로 근사하는 방법은 경우에 따라서 제한이 많다. 이 장에서는 가우스 모델보다 표현력이 풍부한 **가우스 혼합 모델**(Gaussian mixture model)의 최우 추정에 대해 살펴본다.

8.1 가우스 혼합 모델

어떤 분류 항목의 패턴이 한 덩어리가 아닌 몇 개의 덩어리로 나뉘어 있을 때, 하나의 가우스 모델을 이용해 그들을 근사하는 것은 쉽지 않다. 이를 예를 통해 설명하면 다음과 같다. 그림 8.1(a)는 실제 분포가 **하나의 봉우리를 가질 때**(unimodal)의 가우스 최대 우도 추정의 예다. 작은 양의 학습 표본으로도 실제의 분포를 잘 학습한다. 한편, 그림 8.1(b)는 실제 분포가 **여러 개의 봉우리를 가질 때의**(multimodal) 가우스 최대 우도 추정의 예다. 이 경우 아무리 학습 표본 수를 늘려도 2개의 봉우리를 1개의 가우스 모델로 근사할 수는 없다.

이번 절에서는, 여러 개의 봉우리를 가진 확률 분포의 근사에 적합하도록 만들어진 **가우스 혼합 모델**(Gaussian mixture model)에 대해

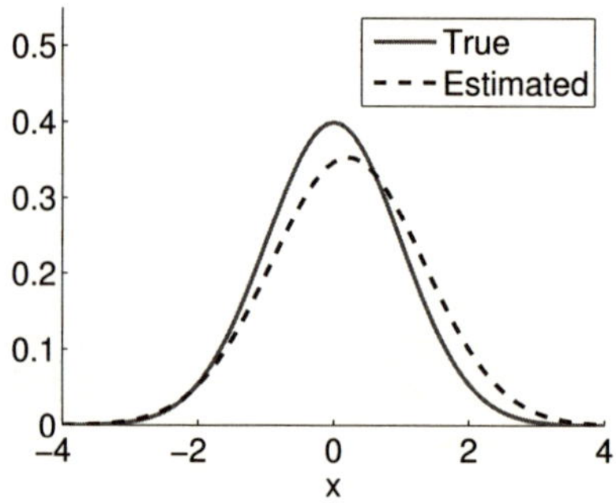

(a) 봉우리가 하나인 분포의 예

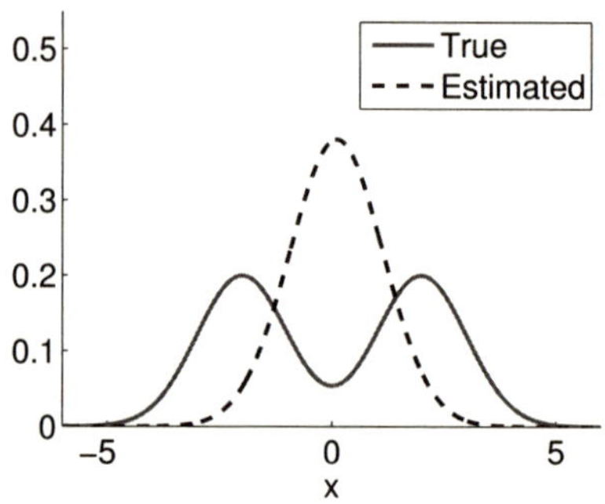

(b) 봉우리가 여럿인 분포의 예

그림 8.1: 가우스 최대 우도 추정의 예

설명한다. 가우스 혼합 모델은 다음과 같이 정의된다.

$$q(\boldsymbol{x};\boldsymbol{\theta}) = \sum_{\ell=1}^{m} w_\ell \phi(\boldsymbol{x};\boldsymbol{\mu}_\ell, \sigma_\ell^2)$$

$\phi(\boldsymbol{x};\boldsymbol{\mu},\sigma^2)$는 기댓값이 $\boldsymbol{\mu}$, 분산 공분산 행렬이 $\sigma^2\boldsymbol{I}_d$인 가우스 모델이다.

$$\phi(\boldsymbol{x};\boldsymbol{\mu},\sigma^2) = \frac{1}{(2\pi\sigma^2)^{\frac{d}{2}}}\exp\left(-\frac{(\boldsymbol{x}-\boldsymbol{\mu})^\top(\boldsymbol{x}-\boldsymbol{\mu})}{2\sigma^2}\right)$$

즉, 가우스 혼합 모델은 m개의 가우스 모델을 가중치 $\{w_\ell\}_{\ell=1}^m$를 이용해

선형 결합(linear combination)한 것이다. 가우스 모델의 파라미터 $\boldsymbol{\theta}$는

$$\boldsymbol{\theta} = (w_1, \ldots, w_m, \boldsymbol{\mu}_1^\top, \ldots, \boldsymbol{\mu}_m^\top, \sigma_1, \ldots, \sigma_m,)^\top$$

로 표현한다.

$q(\boldsymbol{x};\boldsymbol{\theta})$가 확률 밀도 함수가 되기 위해서는,

$$q(\boldsymbol{x};\boldsymbol{\theta}) \geq 0 \text{ for any } \boldsymbol{x} \in \mathcal{D}, \quad \int_{\mathcal{D}} q(\boldsymbol{x};\boldsymbol{\theta}) d\boldsymbol{x} = 1$$

을 충족해야 한다. 그러므로 가중치 파라미터 $\{w_\ell\}_{\ell=1}^m$ 가

$$w_1, \ldots, w_m \geq 0, \quad \sum_{\ell=1}^m w_\ell = 1 \tag{8.1}$$

을 만족시켜야 한다. 그림 8.2는 가우스 혼합 모델의 예를 나타낸다. 복수의 가우스 모델을 선형 결합함으로써 다수의 봉우리를 가진 분포를 표현할 수 있는 것을 알 수 있다.

가우스 혼합 모델의 파라미터 $\boldsymbol{\theta}$는, 4장에서 설명한 최대 우도 추정법으로 구한다. 우도는

$$L(\boldsymbol{\theta}) := \prod_{i=1}^n q(\boldsymbol{x}_i;\boldsymbol{\theta})$$

로 정의되고 이를 최대로 하는 $\boldsymbol{\theta}$를 구한다. 이때, 식 (8.1)의 **제약 조건**(constraint)을 충족해야 한다.

$$\widehat{\boldsymbol{\theta}} := \underset{\boldsymbol{\theta}}{\operatorname{argmax}} L(\boldsymbol{\theta}) \quad \text{subject to} \begin{cases} w_1, \ldots, w_m \geq 0 \\ \sum_{\ell=1}^m w_\ell = 1 \end{cases}$$

'subject to ⋯'는 「⋯ 조건하에서」라는 뜻이다. 이러한 제약 조건이 붙으면 단순히 우도의 편미분을 0으로 하는 것으로는 해답을 구할 수 없다. 대신

$$w_\ell = \frac{\exp(\gamma_\ell)}{\sum_{\ell'=1}^m \exp(\gamma_{\ell'})}$$

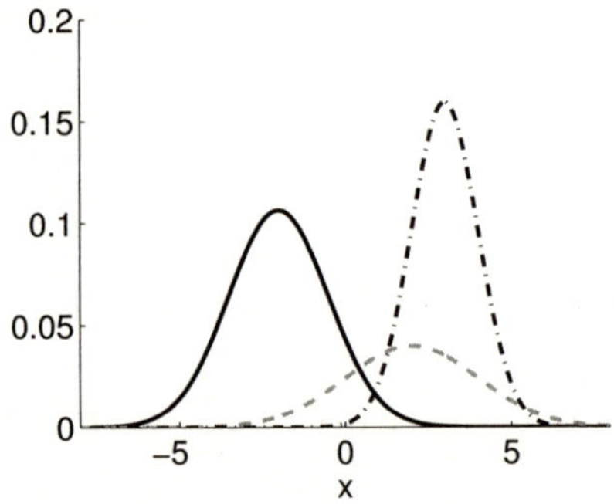

(a) 각각의 가우스 성분

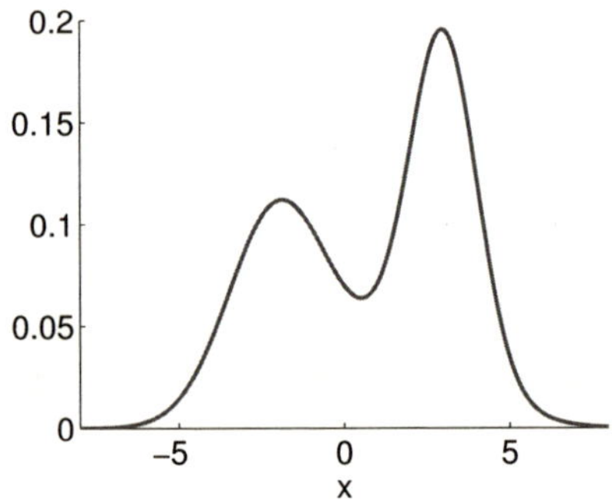

(b) 가우스 혼합 분포

그림 8.2: 가우스 혼합 모델의 예
$q(x) = 0.4\phi(x; -2, 1.5^2) + 0.2\phi(x; 2, 2^2) + 0.4\phi(x; 3, 1^2)$

라고 표현하고, $\{\gamma_\ell\}_{\ell=1}^{m}$ 를 구하는 방법을 사용할 수 있다. 이러면 식 (8.1)의 제약 조건을 자동으로 충족시킨다.

최대 우도 추정량 $\widehat{\boldsymbol{\theta}}$은 로그 우도 $\log L(\boldsymbol{\theta})$에 대한 우도 방정식을 만족시킨다.

$$\begin{cases} \dfrac{\partial}{\partial \gamma_\ell} \log L(\boldsymbol{\theta}) \Bigg|_{\boldsymbol{\theta}=\widehat{\boldsymbol{\theta}}} = 0 \\ \dfrac{\partial}{\partial \boldsymbol{\mu}_\ell} \log L(\boldsymbol{\theta}) \Bigg|_{\boldsymbol{\theta}=\widehat{\boldsymbol{\theta}}} = \mathbf{0}_d \\ \dfrac{\partial}{\partial \sigma_\ell} \log L(\boldsymbol{\theta}) \Bigg|_{\boldsymbol{\theta}=\widehat{\boldsymbol{\theta}}} = 0 \end{cases} \tag{8.2}$$

여기서 $\mathbf{0}_d$는 d차원의 영벡터다. 이 우도 방정식을 다음과 같이 풀 수 있다.

$$\begin{cases} \widehat{w}_\ell = \dfrac{1}{n} \displaystyle\sum_{i=1}^{n} \widehat{\eta}_{i,\ell} \\ \widehat{\boldsymbol{\mu}}_\ell = \dfrac{\sum_{i=1}^{n} \widehat{\eta}_{i,\ell} \boldsymbol{x}_i}{\sum_{i'=1}^{n} \widehat{\eta}_{i',\ell}} \\ \widehat{\sigma}_\ell = \sqrt{\dfrac{\sum_{i=1}^{n} \widehat{\eta}_{i,\ell} (\boldsymbol{x}_i - \widehat{\boldsymbol{\mu}}_\ell)^\top (\boldsymbol{x}_i - \widehat{\boldsymbol{\mu}}_\ell)}{d \sum_{i'=1}^{n} \widehat{\eta}_{i',\ell}}} \end{cases} \tag{8.3}$$

단,

$$\widehat{\eta}_{i,\ell} := \frac{\widehat{w}_\ell \phi(\boldsymbol{x}_i; \widehat{\boldsymbol{\mu}}_\ell, \widehat{\sigma}_\ell^2)}{\sum_{\ell'=1}^{m} \widehat{w}_{\ell'} \phi(\boldsymbol{x}_i; \widehat{\boldsymbol{\mu}}_{\ell'}, \widehat{\sigma}_{\ell'}^2)} \tag{8.4}$$

로 표현한다. 이 우도 방정식은 변수들이 복잡하게 얽혀 있고 **해석적**(analytic) 풀이 방법이 알려져 있지 않다. 그래서 적당한 초깃값을 할당한 후, 해를 업데이트해 나가는 **반복 알고리즘**(iterative algorithm)을 이용해 해를 구하기로 한다. 다음 절에서는 경사법과 EM 알고리즘, 이 두 가지 방법을 소개한다.

연습 8.1: 식 (8.2)**에서 식** (8.3)**을 도출하라.** ■

8.2 경사법

경사법(gradient method)은 최대화하고자 하는 **목적 함수**(objective function)의 경사를 따라 올라감으로써 파라미터를 최적화하는 일반적인 방법이다. 경사법의 개념을 그림 8.3에, 그리고 알고리즘을 그림 8.4에 각각 나타낸다.

경사법은 구현이 간단하여 다양한 곳에서 사용된다. 게다가 적당한 조건으로 **국부적 최적해**(local optimal solution)에 수렴하는 것이 이론

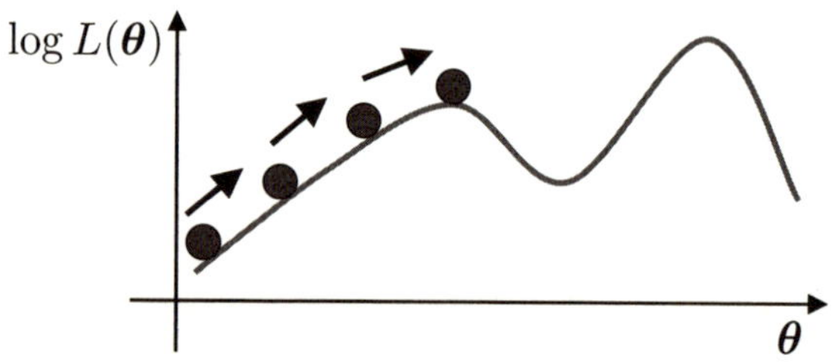

그림 8.3: 경사법의 개념

1. 해의 초깃값 $\widehat{\boldsymbol{\theta}}$를 적당히 정한다.

2. 현재의 해 $\widehat{\boldsymbol{\theta}}$에서 목적 함수 $\log L(\boldsymbol{\theta})$의 경사를 계산한다: $\left.\frac{\partial}{\partial \boldsymbol{\theta}} \log L(\boldsymbol{\theta})\right|_{\boldsymbol{\theta}=\widehat{\boldsymbol{\theta}}}$

3. 경사를 올라가는 파라미터를 갱신한다:

$$\widehat{\boldsymbol{\theta}} \longleftarrow \widehat{\boldsymbol{\theta}} + \varepsilon \left.\frac{\partial}{\partial \boldsymbol{\theta}} \log L(\boldsymbol{\theta})\right|_{\boldsymbol{\theta}=\widehat{\boldsymbol{\theta}}}$$

   단, ε는 매우 작은 양의 정수다.

4. 2와 3을 수렴할 때까지 반복한다.

그림 8.4: 경사법의 알고리즘

적으로 보장된다. 국부적 최적해는 근처의 어느 방향으로 파라미터를 변화시켜도 목적 함수의 값이 증가하지 않는 해를 말한다. 이는 비유적으로는 산꼭대기에 해당한다고 할 수 있다. 또 모든 표본에 대한 로그 우도뿐만 아니라 랜덤으로 선택한 표본 1개에 대한 로그 우도에 대해 경사법을 시행하여도 국부적 최적해에 수렴하는 것으로 알려져 있다[2]. 이러한 방법을 **확률적 경사법**(stochastic gradient method)이라고 부른다. 다만, (확률적) 경사법은 어디까지나 부분적(국부적)으로만 산꼭대기를 찾는 것이 보장될 뿐, **전역 최적해**(global optimal solution), 즉, 실제의 최적해를 찾는다는 보장은 없다(그림 8.3 참조).

경사법은 구현이 매우 간단하면서도 국부적 최적해에 수렴하는 것이 보장되는 일반적인 최적화 기법이다. 그러나 실질적으로 스텝폭 ε의 결정이 매우 어렵다는 문제가 있다. ε이 클 때, 처음에는 산을 빨리 올라가지만, 산꼭대기를 지나칠 수가 있다(그림 8.5(a)). 한편, ε이 작을 때, 산꼭대기는 잘 찾을 수 있지만, 처음에는 산을 오르는 것이 늦다(그림 8.5(b)). 이 문제를 해결하려면, 처음에는 큰 ε를 사용하여 경사 상승을 시작하고, 그 후 서서히 ε의 값을 낮춰 가는 **담금질 기법**(annealing)이 효과적이다. 그러나 최초의 ε를 어느 정도 크기로 설정할 것인지, 어느 정도의 속도로 ε를 줄여 나가면 좋을지는 최적화 문제의 목적 함수에 크게 의존하기 때문에 담금질 기법을 적절하게 구현하는 것이 쉽지는 않다.

또한, 경사법은 국부적 탐색법이기 때문에 국부적 최적해밖에 구할 수 없다. 더 나은 국부적 최적해를 구하기 위해서 다양한 초깃값으로 여러 번 경사법을 시행하고 목적 함수를 가장 크게 하는 결과를 선택하는 **다점 탐색**(multipoint search)이 실제로 많이 사용된다.

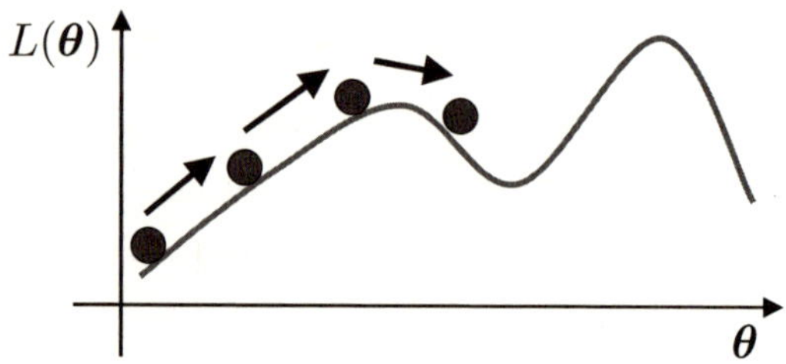

(a) ε가 너무 큰 경우

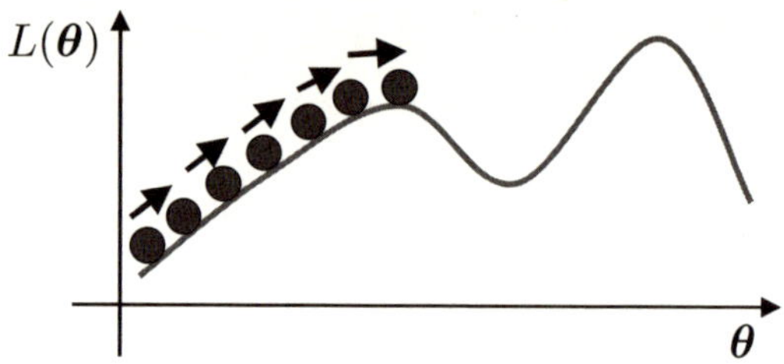

(b) ε가 너무 작은 경우

그림 8.5: 경사법의 스텝 폭 ε. ε가 너무 크면 산꼭대기를 넘어가 버릴 가능성이 있다. 반대로 ε가 너무 작으면 산을 오르는 속도가 느리다.

8.3 EM 알고리즘

경사법은 구현이 간단하고 국부적 최적해를 구해지는 것이 보장된 유용한 기술이지만, 스텝폭을 결정하는 것이 어렵다는 문제가 있었다. 이 문제를 해결하는 최적화 기법이 **EM 알고리즘**(EM algorithm)이다[6].

EM 알고리즘은 **불완전 데이터**(incomplete data), 즉 입력 벡터 $\boldsymbol{x}$를 부분적으로밖에 관찰할 수 없는 경우에 대한 최우 추정 계산 알고리즘이다. EM 알고리즘의 'E'와 'M'은 expectation(기댓값)과 maximization(최대화)의 머리 글자를 딴 것이고, E단계와 M단계의 반복에 의해 해를 구하는 알고리즘이다. 가우스 혼합 모델을 EM 알고리즘을 이용한 최대 우도 문제로 푸는 것은 일종의 불완전 데이터로부터 학습을 하는 문제

1. 해의 초깃값 $\{\widehat{w}_\ell, \widehat{\boldsymbol{\mu}}_\ell, \widehat{\sigma}_\ell\}_{\ell=1}^m$를 적당히 정한다.

2. E단계: 현재의 해 $\{\widehat{w}_\ell, \widehat{\boldsymbol{\mu}}_\ell, \widehat{\sigma}_\ell\}_{\ell=1}^m$ 의 파라미터 $\{\widehat{\eta}_{i,\ell}\}_{i=1,\ell=1}^{n\ \ m}$ 를 계산한다.

$$\widehat{\eta}_{i,\ell} \longleftarrow \frac{\widehat{w}_\ell \phi(\boldsymbol{x}_i; \widehat{\boldsymbol{\mu}}_\ell, \widehat{\sigma}_\ell^2)}{\sum_{\ell'=1}^m \widehat{w}_{\ell'} \phi(\boldsymbol{x}_i; \widehat{\boldsymbol{\mu}}_{\ell'}, \widehat{\sigma}_{\ell'}^2)}$$

3. M단계: 현재의 파라미터 $\{\widehat{\eta}_{i,\ell}\}_{i=1,\ell=1}^{n\ \ m}$ 를 이용해 해 $\{\widehat{w}_\ell, \widehat{\boldsymbol{\mu}}_\ell, \widehat{\sigma}_\ell\}_{\ell=1}^m$ 를 계산한다.

$$\widehat{w}_\ell \longleftarrow \frac{1}{n}\sum_{i=1}^n \widehat{\eta}_{i,\ell}$$

$$\widehat{\boldsymbol{\mu}}_\ell \longleftarrow \frac{\sum_{i=1}^n \widehat{\eta}_{i,\ell}\boldsymbol{x}_i}{\sum_{i'=1}^n \widehat{\eta}_{i',\ell}}$$

$$\widehat{\sigma}_\ell \longleftarrow \sqrt{\frac{\sum_{i=1}^n \widehat{\eta}_{i,\ell}(\boldsymbol{x}_i - \widehat{\boldsymbol{\mu}}_\ell)^\top(\boldsymbol{x}_i - \widehat{\boldsymbol{\mu}}_\ell)}{d\sum_{i'=1}^n \widehat{\eta}_{i',\ell}}}$$

4. 2와 3을 수렴할 때까지 반복한다.

그림 8.6: EM 알고리즘

로 생각할 수 있다[3, 35, 36]. 여기서는 단순화된 설명을 위해, 불완전 데이터에 대한 학습을 다루지 않고, 가우시안 혼합 모델의 최우 추정을 어떻게 계산할지에 중점을 두고 설명한다.

가우스 혼합 모델의 EM 알고리즘은 그림 8.6에 나타난 것과 같이 E단계와 M단계의 반복으로 되어 있다. 이것은, 최우 추정의 해의 필요조건 (8.3)과 그 파라미터(8.4)를 번갈아 계산하는 것과 같다.

이제, EM단계의 반복에 의해 목적 함수인 로그 우도가 단조 증가(정확히는 단조 비감소)해 가는 것을 보인다. EM 알고리즘의 E단계와 M단계는 각각 다음과 같은 의미를 가지고 있다.

E단계: 현재의 해 $\widehat{\boldsymbol{\theta}}$을 지나는 로그 우도 $\log L(\boldsymbol{\theta})$의 아래쪽 한계 $b(\boldsymbol{\theta})$를

구한다. 즉 임의의 $\boldsymbol{\theta}$에 대해

$$\log L(\boldsymbol{\theta}) \geq b(\boldsymbol{\theta}), \quad \log L(\widehat{\boldsymbol{\theta}}) = b(\widehat{\boldsymbol{\theta}})$$

을 만족하는 아래쪽 한계 $b(\boldsymbol{\theta})$를 찾는 것과 같다.

M단계: 아래쪽 한계 $b(\boldsymbol{\theta})$를 최대화하는 값 $\widehat{\boldsymbol{\theta}}'$를 구한다.

그림 8.7에서 볼 수 있듯이, 이 절차에 따라서 로그 우도가 점차 증가한다.

EM 알고리즘의 도출에 있어서 중요한 것은, E단계의 아래쪽 한계의 도출이다. 현재의 해 $\widehat{\boldsymbol{\theta}}$에서 로그 우도값을 지난다는 조건을 충족하면서, M단계에서 쉽게 최대화되어야 한다. 이러한 좋은 성질을 가진 하계를 도출하기 위해서 log 함수에 대한 **젠센 부등식**(Jensen's inequality)을 이용하기로 한다. 젠센 부등식은 음이 아닌 정수에서 합이 1인 변수 $\{\eta_\ell\}_{\ell=1}^m$, 즉

$$\eta_1, \ldots, \eta_m \geq 0, \quad \sum_{\ell=1}^m \eta_\ell = 1$$

에 대해,

$$\log\left(\sum_{\ell=1}^m \eta_\ell u_\ell\right) \geq \sum_{\ell=1}^m \eta_\ell \log u_\ell \tag{8.5}$$

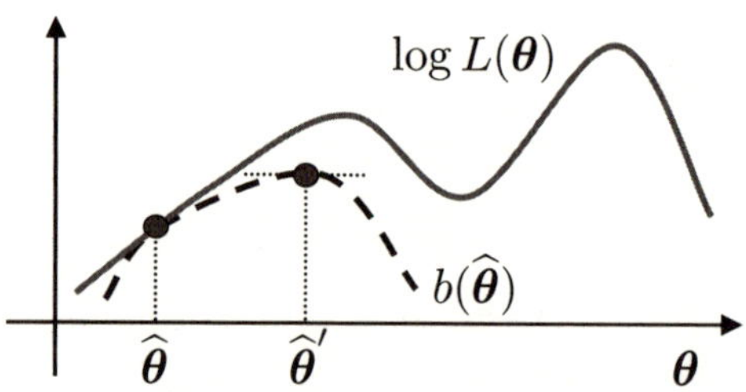

그림 8.7: EM 알고리즘의 $\log L(\boldsymbol{\theta})$의 아래쪽 한계 $b(\boldsymbol{\theta})$의 최대화

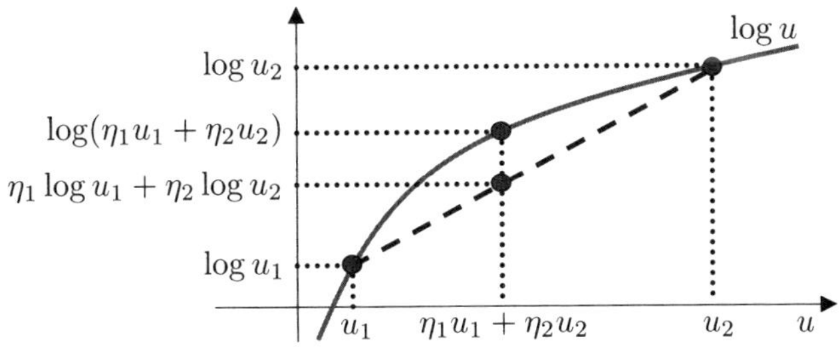

그림 8.8: $m = 2$에 대한 젠센 부등식(식 (8.6)의 해석. log 함수는 위로 볼록)

로 주어진다. 특별히 $m = 2$에 대해 젠센 부등식

$$\log(\eta_1 u_1 + \eta_2 u_2) \geq \eta_1 \log u_1 + \eta_2 \log u_2 \tag{8.6}$$

의 해석을 그림 8.8에 나타낸다. log 함수가 **위로 볼록**(concave)하기 때문에 젠센 부등식이 성립할 것을 직관적으로 알 수 있다.

그렇다면, 이 젠센 부등식을 이용해 E스텝의 아래쪽 한계 $b(\boldsymbol{\theta})$를 노출하자. 우선, 로그 우도식 $\log L(\boldsymbol{\theta})$를 다음과 같이 변형한다.

$$\begin{aligned}\log L(\boldsymbol{\theta}) &= \sum_{i=1}^{n} \log\left(\sum_{\ell=1}^{m} w_\ell \phi(\boldsymbol{x}_i; \boldsymbol{\mu}_\ell, \sigma_\ell^2)\right) \\ &= \sum_{i=1}^{n} \log\left(\sum_{\ell=1}^{m} \widehat{\eta}_{i,\ell} \frac{w_\ell \phi(\boldsymbol{x}_i; \boldsymbol{\mu}_\ell, \sigma_\ell^2)}{\widehat{\eta}_{i,\ell}}\right)\end{aligned} \tag{8.7}$$

단,

$$\widehat{\eta}_{i,\ell} := \frac{\widehat{w}_\ell \phi(\boldsymbol{x}_i; \widehat{\boldsymbol{\mu}}_\ell, \widehat{\sigma}_\ell^2)}{\sum_{\ell'=1}^{m} \widehat{w}_{\ell'} \phi(\boldsymbol{x}_i; \widehat{\boldsymbol{\mu}}_{\ell'}, \widehat{\sigma}_{\ell'}^2)} \tag{8.8}$$

이다. 여기서, 식 (8.7)의 $w_\ell \phi(\boldsymbol{x}_i; \boldsymbol{\mu}_\ell, \sigma_\ell^2)/\widehat{\eta}_{i,\ell}$의 부분을 젠센 부등식(8.5)의 u_ℓ에 대응시키면, 다음과 같이 로그 우도 $\log L(\boldsymbol{\theta})$의 아래쪽 한계 $b(\boldsymbol{\theta})$를 얻을 수 있다.

$$\log L(\boldsymbol{\theta}) \geq \sum_{i=1}^{n} \sum_{\ell=1}^{m} \widehat{\eta}_{i,\ell} \log\left(\frac{w_\ell \phi(\boldsymbol{x}_i; \boldsymbol{\mu}_\ell, \sigma_\ell^2)}{\widehat{\eta}_{i,\ell}}\right) =: b(\boldsymbol{\theta})$$

그런 다음, 하계 $b(\boldsymbol{\theta})$가 $\boldsymbol{\theta} = \widehat{\boldsymbol{\theta}}$일 때 로그 우도 $\log L(\boldsymbol{\theta})$와 일치하는 것을 보인다. 식 (8.8)에서

$$\frac{\widehat{w}_\ell \phi(\boldsymbol{x}_i; \widehat{\boldsymbol{\mu}}_\ell, \widehat{\sigma}_\ell^2)}{\widehat{\eta}_{i,\ell}} = \sum_{\ell'=1}^{m} \widehat{w}_{\ell'} \phi(\boldsymbol{x}_i; \widehat{\boldsymbol{\mu}}_{\ell'}, \widehat{\sigma}_{\ell'}^2), \quad \sum_{\ell=1}^{m} \widehat{\eta}_{i,\ell} = 1$$

가 성립한다. 이들을 이용하면 다음과 같이 $b(\widehat{\boldsymbol{\theta}}) = \log L(\widehat{\boldsymbol{\theta}})$이 만족되는 것을 증명할 수 있다.

$$\begin{aligned}
b(\widehat{\boldsymbol{\theta}}) &= \sum_{i=1}^{n} \sum_{\ell=1}^{m} \widehat{\eta}_{i,\ell} \log \left(\frac{\widehat{w}_\ell \phi(\boldsymbol{x}_i; \widehat{\boldsymbol{\mu}}_\ell, \widehat{\sigma}_\ell^2)}{\widehat{\eta}_{i,\ell}} \right) \\
&= \sum_{i=1}^{n} \sum_{\ell=1}^{m} \widehat{\eta}_{i,\ell} \log \left(\sum_{\ell'=1}^{m} \widehat{w}_{\ell'} \phi(\boldsymbol{x}_i; \widehat{\boldsymbol{\mu}}_{\ell'}, \widehat{\sigma}_{\ell'}^2) \right) \\
&= \sum_{i=1}^{n} \left(\sum_{\ell=1}^{m} \widehat{\eta}_{i,\ell} \right) \log \left(\sum_{\ell'=1}^{m} \widehat{w}_{\ell'} \phi(\boldsymbol{x}_i; \widehat{\boldsymbol{\mu}}_{\ell'}, \widehat{\sigma}_{\ell'}^2) \right) \\
&= \sum_{i=1}^{n} \log \left(\sum_{\ell'=1}^{m} \widehat{w}_{\ell'} \phi(\boldsymbol{x}_i; \widehat{\boldsymbol{\mu}}_{\ell'}, \widehat{\sigma}_{\ell'}^2) \right) \\
&= \log L(\widehat{\boldsymbol{\theta}})
\end{aligned}$$

그다음, M단계에서 아래쪽 한계 $b(\boldsymbol{\theta})$를 최대화하는 파라미터 $\widehat{\boldsymbol{\theta}}'$를 구한다. $\widehat{\boldsymbol{\theta}}'$은 다음 식을 만족시킨다.

$$\begin{cases}
\left. \dfrac{\partial}{\partial \gamma_\ell} b(\boldsymbol{\theta}) \right|_{\boldsymbol{\theta}=\widehat{\boldsymbol{\theta}}'} = 0 \\
\left. \dfrac{\partial}{\partial \boldsymbol{\mu}_\ell} b(\boldsymbol{\theta}) \right|_{\boldsymbol{\theta}=\widehat{\boldsymbol{\theta}}'} = \boldsymbol{0}_d \\
\left. \dfrac{\partial}{\partial \sigma_\ell} b(\boldsymbol{\theta}) \right|_{\boldsymbol{\theta}=\widehat{\boldsymbol{\theta}}'} = 0
\end{cases} \tag{8.9}$$

이 방정식을 풀면,

$$
\begin{cases}
\widehat{w}'_\ell = \dfrac{1}{n}\displaystyle\sum_{i=1}^{n}\widehat{\eta}_{i,\ell} \\[2ex]
\widehat{\boldsymbol{\mu}}'_\ell = \dfrac{\sum_{i=1}^{n}\widehat{\eta}_{i,\ell}\boldsymbol{x}_i}{\sum_{i'=1}^{n}\widehat{\eta}_{i',\ell}} \\[2ex]
\widehat{\sigma}'_\ell = \sqrt{\dfrac{\sum_{i=1}^{n}\widehat{\eta}_{i,\ell}(\boldsymbol{x}_i-\widehat{\boldsymbol{\mu}}'_\ell)^\top(\boldsymbol{x}_i-\widehat{\boldsymbol{\mu}}'_\ell)}{d\sum_{i'=1}^{n}\widehat{\eta}_{i',\ell}}}
\end{cases}
\tag{8.10}
$$

을 얻을 수 있다.

연습 8.2: 식 (8.9)**에서 식** (8.10)**을 도출하라.** ■

이렇게, E단계와 M단계를 반복함으로써 로그 우도가 단조 증가하는 것을 보였다. 또한 EM 알고리즘은 적당한 조건하에서는 국부적 최적해에 수렴하는 것이 알려져 있다[32].

연습 8.3: EM 알고리즘을 구현하고 적당한 확률 밀도 함수를 추정하라. ■

힌트: 프로그램의 예를 그림 8.9에 제시한다. □

```
clear all
n=5000; x=myrand(n); m=5; L=-inf;
w=ones(m,1)/m; mu=linspace(min(x),max(x),m)';
sigma2=ones(m,1)/10;

while 1
   tmp1=(repmat(x,[m 1])-repmat(mu,[1 n])).^2;
   tmp2=2*repmat(sigma2,[1 n]);
   tmp3=repmat(w,[1 n]).*exp(-tmp1./tmp2)./sqrt(pi*tmp2);
   eta=tmp3./repmat(sum(tmp3,1),[m 1]);
   tmp4=sum(eta,2);
   w=tmp4/n;
   mu=(eta*x')./tmp4; sigma2=sum(tmp1.*eta,2)./tmp4;
   Lnew=sum(log(tmp4));
   if Lnew-L<0.0001
      break
   end
   L=Lnew;
end

xx=0:0.01:5; nn=length(xx);
tmp1=(repmat(xx,[m 1])-repmat(mu,[1 nn])).^2;
tmp2=2*repmat(sigma2,[1 nn]);
tmp3=repmat(w,[1 nn]).*exp(-tmp1./tmp2)./sqrt(pi*tmp2);
pxh=sum(tmp3,1);
figure(1); clf; hist(x,0:0.1:5,10);
figure(2); clf; plot(xx,pxh,'r-');
```

그림 8.9: EM 알고리즘의 프로그램 예

9장 베이즈 추론법

최우 추정법의 구조에서는 파라미터 $\boldsymbol{\theta}$를 값이 미리 정해진 변수로 간주했다. 이번 장에서는 파라미터 $\boldsymbol{\theta}$를 확률 변수로 보고 확률 밀도 함수의 추정을 고려하는 **베이즈 추론법**(Bayesian inference)[3, 35, 36]을 설명한다. 그리고 베이즈 추론법의 근사 계산법인 최대 사후 확률 추정법을 소개하고, 최우 추정법과의 관계를 보인다.

9.1 베이즈 추론법의 정의

파라미터 $\boldsymbol{\theta}$를 확률 변수로 간주하면, 다음과 같은 확률들을 정의할 수 있다.

$$p(\boldsymbol{\theta}), \quad p(\boldsymbol{\theta}|\mathcal{X}), \quad p(\mathcal{X}|\boldsymbol{\theta}), \quad p(\mathcal{X}, \boldsymbol{\theta})$$

여기서 쉬운 표기를 위해 학습 표본 $\{\boldsymbol{x}_i\}_{i=1}^n$을

$$\mathcal{X} := \{\boldsymbol{x}_i\}_{i=1}^n$$

로 정리해 표기했다. $p(\boldsymbol{\theta}|\mathcal{X})$는 학습 표본 $\mathcal{X}$가 주어졌을 때 $\boldsymbol{\theta}$의 발생 확률이므로, $\boldsymbol{\theta}$의 **사후 확률**(a posteriori probability)이라고 부른다. 그에 반해, $p(\boldsymbol{\theta})$는 학습 표본 $\mathcal{X}$가 주어지기 전의 $\boldsymbol{\theta}$의 발생 확률이므로 $\boldsymbol{\theta}$의 **사전 확률**(a priori probability)이라고 부른다. $p(\mathcal{X}|\boldsymbol{\theta})$는 학습 표본의 조건부 확률이지만 여기에서는 이것을 $\boldsymbol{\theta}$의 함수로 간주해 $\boldsymbol{\theta}$의 **우도**(likelihood)

라고 부른다. $\boldsymbol{\theta}$의 우도는

$$p(\mathcal{X}|\boldsymbol{\theta}) = \prod_{i=1}^{n} q(\boldsymbol{x}_i|\boldsymbol{\theta})$$

로 주어진다. 단, $\boldsymbol{\theta}$를 확률 변수로 취급하고 있기 때문에, 모델도 조건부 확률 $q(\boldsymbol{x}_i|\boldsymbol{\theta})$로 나타낸다. $p(\mathcal{X}, \boldsymbol{\theta})$는 학습 표본 $\mathcal{X}$ 및 파라미터 $\boldsymbol{\theta}$의 **결합 확률**(joint probability)이다.

우도와 사전 확률을 이용하면 결합 확률은

$$p(\mathcal{X}, \boldsymbol{\theta}) = p(\mathcal{X}|\boldsymbol{\theta})p(\boldsymbol{\theta})$$

로 나타낼 수 있다. 또한, 결합 확률을 파라미터 $\boldsymbol{\theta}$에 대하여 적분하여 주변화할 수 있다.

$$\int p(\mathcal{X}, \boldsymbol{\theta}) d\boldsymbol{\theta} = p(\mathcal{X})$$

주변 확률 $p(\mathcal{X})$는, 학습 표본 $\mathcal{X}$가 생겨날 확률이다. 이를 정리하면,

$$p(\mathcal{X}) = \int \prod_{i=1}^{n} q(\boldsymbol{x}_i|\boldsymbol{\theta})p(\boldsymbol{\theta}) d\boldsymbol{\theta}$$

와 같은 식을 얻을 수 있다.

베이즈 추론법이란, 모델 $q(\boldsymbol{x}|\boldsymbol{\theta})$를 파라미터의 사후 확률 $p(\boldsymbol{\theta}|\mathcal{X})$에 대해 평균 내는 것으로 $p(\boldsymbol{x})$를 추정하는 방법이다.[1]

$$\widehat{p}_{\text{Bayes}}(\boldsymbol{x}) := \int q(\boldsymbol{x}|\boldsymbol{\theta})p(\boldsymbol{\theta}|\mathcal{X}) d\boldsymbol{\theta} \tag{9.1}$$

$\boldsymbol{\theta}$ 의 사후 확률 $p(\boldsymbol{\theta}|\mathcal{X})$은,

$$p(\boldsymbol{\theta}|\mathcal{X}) = \frac{p(\mathcal{X}|\boldsymbol{\theta})p(\boldsymbol{\theta})}{p(\mathcal{X})} = \frac{\prod_{i=1}^{n} q(\boldsymbol{x}_i|\boldsymbol{\theta})p(\boldsymbol{\theta})}{\int \prod_{i=1}^{n} q(\boldsymbol{x}_i|\boldsymbol{\theta}')p(\boldsymbol{\theta}') d\boldsymbol{\theta}'} \tag{9.2}$$

[1]여기에서 설명하는 베이즈 추론법은 **베이즈 예측 분포**(Bayesian predictive distribution)이다. 넓은 의미로 베이즈 추론법은 더 일반적인 정의를 가지고 있다[33].

로 나타낼 수 있다. 따라서, 베이즈 추론법에 의해 얻어지는 확률 밀도 함수의 추정량 $\widehat{p}_{\mathrm{Bayes}}(\boldsymbol{x})$은,

$$\widehat{p}_{\mathrm{Bayes}}(\boldsymbol{x}) = \frac{\int q(\boldsymbol{x}|\boldsymbol{\theta}) \prod_{i=1}^{n} q(\boldsymbol{x}_i|\boldsymbol{\theta}) p(\boldsymbol{\theta}) d\boldsymbol{\theta}}{\int \prod_{i=1}^{n} q(\boldsymbol{x}_i|\boldsymbol{\theta}') p(\boldsymbol{\theta}') d\boldsymbol{\theta}'}$$

와 같이 표현할 수 있다.

9.2 베이즈 추론법과 최대 우도 추정법의 차이

최대 우도 추정법에서는 하나의 대표 파라미터 $\widehat{\boldsymbol{\theta}}_{\mathrm{ML}}$를 사용하여 확률 밀도 함수를 근사하였다. 한편, 베이즈 추론법에서는 무수히 많은 파라미터를 생각하고, 이 파라미터의 사후 확률에 따라 모델의 평균을 냄으로써 확률 밀도 함수를 근사한다. 베이즈 추론법과 최대 우도 추정법의 차이를 그림 9.1을 사용해 설명하면 다음과 같다.

모델 $q(\boldsymbol{x}|\boldsymbol{\theta})$은 확률 밀도 함수의 집합을 나디내며, 그림에서는 점선으로 나타낸다. 추정하고 싶은 실제의 확률 밀도 함수 $p(\boldsymbol{x})$가 파라메트릭

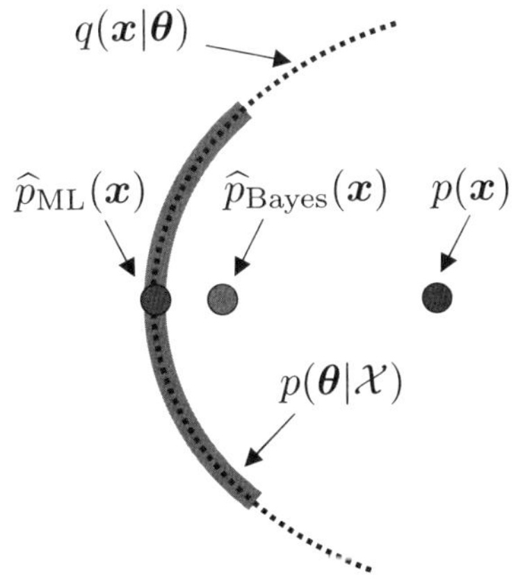

그림 9.1: 베이즈 추론법과 최우 추정법의 차이. 베이즈 추론법의 추정 결과는 일반적으로 모델 밖으로 벗어난다.

모델에 포함되지 않은 상황을 **모델 오류**(model misspecification)가 있는 경우라고 하는데, 현실 문제에서는 실제 확률 밀도 함수의 세부 정보에 대해 알기 힘들어 다소 모델 오류를 포함하고 있기 쉽다.

최우 추정법에서는 파라메트릭 모델 $q(\boldsymbol{x}|\boldsymbol{\theta})$ 중에서 우도를 최대화하는 확률 밀도 함수를 선택한다. 그림에서는 그것을 $\widehat{p}_{\mathrm{ML}}(\boldsymbol{x})$로 나타냈다. 한편, 베이즈 추론법에서는 파라메트릭 모델의 무수히 많은 확률 밀도 함수를 사후 확률 $p(\boldsymbol{\theta}|\mathcal{X})$에 따라 평균을 구함으로써 확률 밀도 함수를 근사한다. 따라서, 모델이 그림과 같이 직선이 아니라 구부러진 모양일 경우에는 $\widehat{p}_{\mathrm{Bayes}}(\boldsymbol{x})$처럼 모델 바깥으로 벗어난다. 이 예에서는 $\widehat{p}_{\mathrm{Bayes}}(\boldsymbol{x})$는 모델의 오른쪽으로 벗어나지만, 결과적으로는 최우 추정법보다 실제의 확률 밀도 함수 $p(\boldsymbol{x})$에 가까운 확률 밀도 함수를 얻을 수 있었다.

베이즈 추론법과 최우 추정법의 차이점은 파라미터를 확률적인 변수로 볼 것인지, 결정론적 변수로 볼 것인지의 차이이지만 실제로는 추정에 대한 철학적 입장 차이를 포함하는 경우가 많다. 이는 사전 확률 $p(\boldsymbol{\theta})$에 주관적인 지식이 포함될 수 있기 때문이다. 베이즈 추론에 의해서 얻을 수 있는 추정 결과는 사전 확률 $p(\boldsymbol{\theta})$에 따라 달라지는데, 예를 들면 사전 확률을 악의적으로 결정하여 편파적인 추정 결과를 이끌어 낼 수 있게 된다. 이러한 주관적인 추정을 허용하는 것이 베이즈 추론의 입장이며, 그런 입장을 주장하는 사람을 **베이즈주의자**(Bayesian)라고 부른다. 반면, 추정은 객관적 사실에서만 실시해야 한다는 입장의 사람을 **빈도주의자**(frequentist)라고 부른다. 또한, 베이스 추론의 입장에서도 사전 확률을 주관적으로 정하는 것에 이의를 제기하는 입장이 있는데, 사전 확률을 데이터에서 결정하자는 **경험적 베이즈 방법**(empirical Bayes method)이라는 것도 있다. 이에 대해서는 11장에서 자세히 설명한다.

9.3 최대 사후 확률 추정법

식 (9.1)에 나타난 것처럼, 베이즈 추론법에서는 수많은 파라미터를 생각하고, 그들을 파라미터의 사후 확률 $p(\boldsymbol{\theta}|\mathcal{X})$에 따라 평균을 구하여 확률 밀도 함수를 근사한다. 이 평균을 구하는 작업을 거치지 않고 파라미터의 사후 확률 $p(\boldsymbol{\theta}|\mathcal{X})$을 최대화하는 하나의 파라미터 값 $\widehat{\boldsymbol{\theta}}_{\mathrm{MAP}}$만을 사용하여 확률 밀도 함수를 근사하는 방법을 **최대 사후 확률 추정법**(maximum a posteriori probability estimation)이라고 부른다. 'MAP'는 maximum a posteriori의 머리 글자를 딴 것이다. 즉, 최대 사후 확률 추정에서 얻어진 확률 밀도 함수의 추정 $\widehat{p}_{\mathrm{MAP}}(\boldsymbol{x})$은,

$$\widehat{p}_{\mathrm{MAP}}(\boldsymbol{x}) := q(\boldsymbol{x}|\widehat{\boldsymbol{\theta}}_{\mathrm{MAP}}), \quad \widehat{\boldsymbol{\theta}}_{\mathrm{MAP}} := \operatorname*{argmax}_{\boldsymbol{\theta}} p(\boldsymbol{\theta}|\mathcal{X})$$

로 주어진다(그림 9.2). 최대 사후 확률 추정법은 파라미터 값 $\widehat{\boldsymbol{\theta}}_{\mathrm{MAP}}$ 한 점을 사용하여 확률 밀도 함수를 근사하기 때문에 베이즈 추론법보다는 최우 추정법에 가까운 추정법이라고 볼 수 있다.

최대 우도 추정법의 경우와 마찬가지로, 사후 확률을 최대화하는 파라미터 값을 직접 구하는 것보다는, 로그를 취한 사후 확률을 최대로 하는 파라미터를 구하는 것이 실제로 계산하기 쉬운 경우가 많다. 식 (9.2)의 분모가 파라미터 $\boldsymbol{\theta}$에 의존하지 않는 것을 고려하여 최대 사후

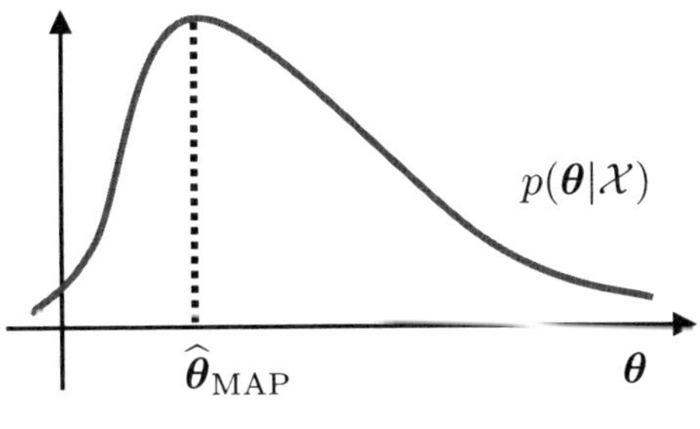

그림 9.2: 최대 사후 확률(MAP)추정법

확률 추정량 $\widehat{\boldsymbol{\theta}}_{\mathrm{MAP}}$은 다음 식과 같이 구할 수 있다.

$$\begin{aligned}\widehat{\boldsymbol{\theta}}_{\mathrm{MAP}} &= \underset{\boldsymbol{\theta}}{\mathrm{argmax}}\ \log p(\boldsymbol{\theta}|\mathcal{X}) \\ &= \underset{\boldsymbol{\theta}}{\mathrm{argmax}} \left(\sum_{i=1}^{n} \log q(\boldsymbol{x}_i|\boldsymbol{\theta}) + \log p(\boldsymbol{\theta}) \right) \qquad (9.3)\end{aligned}$$

이것은 로그 우도 $\sum_{i=1}^{n} \log q(\boldsymbol{x}_i|\boldsymbol{\theta})$에 $\log p(\boldsymbol{\theta})$라는 항을 덧붙인 형태이다.

최대 우도 추정법에서는 가지고 있는 학습 표본 $\{\boldsymbol{x}\}_{i=1}^{n}$이 가장 발생하기 쉬운 파라미터 값을 채택했다. 5장에 나타낸 것처럼, 학습 표본이 모델의 복잡도에 비해 충분히 큰 경우, 최우 추정법에 따라 양호한 추정 결과를 얻을 수 있다(그림 9.3(a)). 그러나 현실은 그렇게 많은 학습 표본을 얻을 수 없는 경우가 많다. 학습 표본 수가 상대적으로 적은 경우, 우도값이 매우 커져서 과잉으로 학습 표본에 적합한 확률 밀도 함수를 얻게 된다(그림 9.3(b)). 이런 현상을 **과적합**(overfit)이라고 부른다.

최대 우도 추정법은 우도를 크게 하는 것이 목적이긴 하지만, 우도가 지나치게 커지는 경우에는 그 이유가 과적합이 일어났기 때문일 수 있다. 이것은 얼핏 모순된 생각처럼 보일지 모르지만 최우 추정법은 학습 표본의 크기가 충분히 큰 경우에만 그 타당성이 입증되었기 때문에,

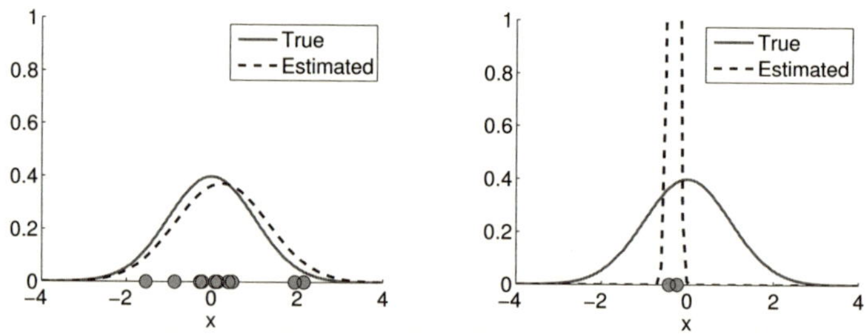

(a) $n = 10$의 경우 (b) $n = 2$의 경우

그림 9.3: 가우스 최우 추정의 예. 학습 표본 n이 작으면 최우 추정법은 과적합할 수 있다.

학습 표본의 수가 적은 경우에는 우도가 지나치게 커지는 문제가 발생해도 이상한 일은 아니다. 이러한 과적합 문제를 해결하기 위해서 우도가 지나치게 커진 것에 대한 **벌칙**(penalty)을 주면 더 나은 추정량을 얻을 가능성이 있다. 식 (9.3)의 $\log p(\boldsymbol{\theta})$이 바로 그 벌칙이다. 그래서 최대 사후 확률 추정법을 **벌칙 첨부 최우 추정법**(penalized maximum likelihood estimation)이라고 부르기도 한다. 최대 사후 확률 추정법에서는 로그 우도뿐만 아니라 로그 사전 확률도 동시에 크게 만들어야 하기 때문에, 사전 확률을 잘 설정해서 과적합을 효과적으로 해결할 수 있다. 여기서의 벌칙을 **정규화**(regularization)라고 부르기도 한다.

여기서, 공분산 행렬이 단위 행렬 $\boldsymbol{I}_d$로 고정된 가우스 모델(즉 파라미터 $\boldsymbol{\theta}$는 기댓값 $\boldsymbol{\mu}$뿐인 경우)을 생각하고 구체적으로 최대 사후 확률 추정량을 계산해 보자. 이 모델은,

$$q(\boldsymbol{x}|\boldsymbol{\mu}) = \frac{1}{(2\pi)^{\frac{d}{2}}} \exp\left(-\frac{(\boldsymbol{x}-\boldsymbol{\mu})^\top(\boldsymbol{x}-\boldsymbol{\mu})}{2}\right)$$

로 나타낸다. 그리고 이 모델에 대해서 다음 가우스 사전 확률을 생각해 보자.

$$p(\boldsymbol{\mu};\gamma) = \frac{1}{(2\pi\gamma^2)^{\frac{d}{2}}} \exp\left(-\frac{\boldsymbol{\mu}^\top\boldsymbol{\mu}}{2\gamma^2}\right)$$

이것은 원점에 가까운 $\boldsymbol{\mu}$을 선호하는 사전 확률이다. 이때, 최대 사후 확률 추정량 $\widehat{\boldsymbol{\mu}}_{\mathrm{MAP}}$은 다음 식으로 주어진다.

$$\widehat{\boldsymbol{\mu}}_{\mathrm{MAP}} = \frac{1}{n+\gamma^{-2}} \sum_{i=1}^{n} \boldsymbol{x}_i \tag{9.4}$$

한편, 이 모델에 대한 최우 추정 $\widehat{\boldsymbol{\mu}}_{\mathrm{ML}}$은,

$$\widehat{\boldsymbol{\mu}}_{\mathrm{ML}} = \frac{1}{n} \sum_{i=1}^{n} \boldsymbol{x}_i$$

로 주어진다. 여기서 $\widehat{\boldsymbol{\mu}}_{\mathrm{MAP}}$, $\widehat{\boldsymbol{\mu}}_{\mathrm{ML}}$, $\boldsymbol{x}_i$의 j번째 요소를 각각 $\widehat{\mu}_{\mathrm{MAP}}^{(j)}$, $\widehat{\mu}_{\mathrm{ML}}^{(j)}$,

$x_i^{(j)}$로 나타내게 하면, $\gamma > 0$로부터

$$\left|\widehat{\mu}_{\mathrm{MAP}}^{(j)}\right| = \frac{1}{n+\gamma^{-2}}\left|\sum_{i=1}^{n} x_i^{(j)}\right| < \frac{1}{n}\left|\sum_{i=1}^{n} x_i^{(j)}\right| = \left|\widehat{\mu}_{\mathrm{ML}}^{(j)}\right|$$

가 성립한다. 즉, 위의 가우스 사전 확률을 사용한 최대 사후 확률 추정량 $\widehat{\boldsymbol{\mu}}_{\mathrm{MAP}}$은 최우 추정량 $\widehat{\boldsymbol{\mu}}_{\mathrm{ML}}$보다 원점에 가깝다.

$$\|\widehat{\boldsymbol{\mu}}_{\mathrm{MAP}}\| < \|\widehat{\boldsymbol{\mu}}_{\mathrm{ML}}\|$$

이 결과를 보면, 최대 사후 확률 추정은 최우 추정을 사전 확률이 높은 쪽으로 ⟨⟨보정⟩⟩한 것임을 알 수 있다.

연습 9.1: 식 (9.4)**를 증명하여라. 또한, 이 설정에서 사후 확률** $p(\boldsymbol{\mu}|\mathcal{X})$ **가 다음 식의 가우시안 분포로 주어진다는 것을 보여라.**

$$p(\boldsymbol{\mu}|\mathcal{X}) = \frac{1}{(2\pi\beta^2)^{\frac{d}{2}}}\exp\left(-\frac{(\boldsymbol{\mu}-\widehat{\boldsymbol{\mu}}_{\mathrm{MAP}})^\top(\boldsymbol{\mu}-\widehat{\boldsymbol{\mu}}_{\mathrm{MAP}})}{2\beta^2}\right)$$

단,

$$\beta = \frac{1}{n+\gamma^{-2}}$$

이다. ■

위의 예에서는, 사후 확률과 사전 확률이 모두 가우시안 분포가 된다. 이와 같이 사후 확률이 사전 확률과 같은 종류의 확률 분포가 된 사전 확률 분포를 **켤레 사전 분포**(conjugate prior)라고 부른다. 켤레 사전 분포에 관해서는 9.4절에서 상세히 설명한다.

연습 9.2: Octave 등을 이용해서 다음의 실험을 수행하라. 우선 기대치 0.5, **분산** 1**의 정규 분포를 따르는 서로 독립인 학습 표본을** n**개 생성하고, 다음 식의 가우스 모델 파라미터** μ**와** σ^2**를 최우 추정법으로, 그리고 식** (9.4)**의 최대 사후 확률 추정법으로 각각 구하여라.**

$$q(\boldsymbol{x};\boldsymbol{\mu},\sigma) = \frac{1}{(2\pi\sigma^2)^{\frac{d}{2}}}\exp\left(-\frac{(\boldsymbol{x}-\boldsymbol{\mu})^\top(\boldsymbol{x}-\boldsymbol{\mu})}{2\sigma^2}\right)$$

그리고 실제 표준 정규 분포와 추정한 분포의 확률 밀도 함수를 모두 그래프로 나타내고, 최우 추정과 최대 사후 확률 추정의 차이를 설명하라. 또, 학습 표본의 개수 n을 변화시켜 가면서 추정 결과가 어떻게 달라지는지 관찰하라. ■

힌트: 프로그램의 예를 그림 9.4에 제시한다. □

최대 사후 확률 추정법에서는 사후 확률을 최대로 하는 파라미터 값 하나를 사용했지만, 파라미터의 사후 확률의 기댓값을 사용하여 확률 밀도 함수를 추정하는 방법도 있다.

$$\widehat{p}(\boldsymbol{x}) := q(\boldsymbol{x}|\widehat{\boldsymbol{\theta}}), \quad \widehat{\boldsymbol{\theta}} := \int \boldsymbol{\theta} p(\boldsymbol{\theta}|\mathcal{X}) d\boldsymbol{\theta}$$

9.4 켤레 사전 분포

최대 사후 확률 추정법은 계산이 매우 간단하고, 과적합 추정의 억제 효과도 있기 때문에 실용성이 높은 방법이다. 그러나 추정을 할 때 사후 확률을 최대화하는 하나의 파라미터 값을 사용하기 때문에, 모델을 수많은 파라미터에 대해 평균하며 생기는 베이즈 추론법의 특징, 즉 추정된 확률 밀도 함수가 모델 외부로 삐져나오는 성질을 잃게 된다(그림 9.1 참조).

베이즈 추론법 (9.1)의 해 $\widehat{p}_{\mathrm{Bayes}}(\boldsymbol{x})$를 제대로 계산할 때는 사후 확률 $p(\boldsymbol{\theta}|\mathcal{X})$이 **닫힌 형태**(closed form, 해가 연산식으로 표현됨)로 구해지는 것이 편리하다. 그러기 위해서는 사전 확률 $p(\boldsymbol{\theta})$를 **켤레 사전 분포**(conjugate prior)로 설정하면 된다. 켤레 사전 분포는 우도함수 $\prod_{i=1}^{n} q(\boldsymbol{x}_i|\boldsymbol{\theta})$에 대해 사전 확률 $p(\boldsymbol{\theta})$과 사후 확률 $p(\boldsymbol{\theta}|\mathcal{X})$이 같은 종류의 분포를 갖는 확률 분포다. 이러한 경우, 사후 확률 분포를 알기 위해서는

```
clear all

n=20;
mu=0.5;
sigma=1;
xx=sigma*randn(n,1)+mu;
betas=[0.01:0.01:3];

mu_MLE=mean(xx);
sigma_MLE=std(xx,1);
for i=1:length(betas);
   mu_MAP(i)=sum(xx)/(n+betas(i).^(-2));
end

figure(1);
clf;
hold on;
plot(betas,mu*ones(size(betas)),g-');
plot(betas,mu_MAP,'r-');
plot(betas,mu_MLE*ones(size(betas)),'b-');
xlabel('beta');
legend('True','MAP','MLE',4);
print -deps MAP.eps
```

그림 9.4: 최대 사후 확률 추정량의 프로그램 예

그 확률 분포의 형태를 알아볼 필요 없이 파라미터를 추정하기만 하면 된다.

여기서 기댓값이 0이고 분산이 σ^2인 1차원 가우시안 모델을 생각하고, 이 모델에 대한 켤레 사전 분포를 구체적으로 알아보자. 이제부터는 분산 σ^2의 역수를 **정확도**(precision)라고 하고, $\tau = \sigma^{-2}$로 나타낸다.

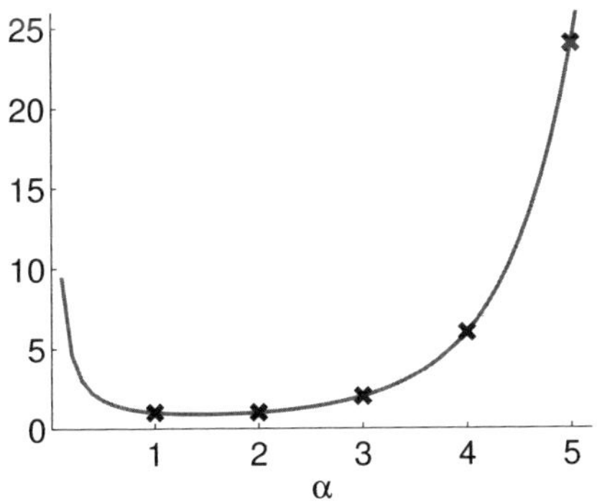

그림 9.5: 감마 함수

그리고 τ를 파라미터로 간주한다(즉 $\theta = \tau$). 이때 파라메트릭 모델은

$$q(x|\tau) = \sqrt{\frac{\tau}{2\pi}} \exp\left(-\frac{\tau x^2}{2}\right) \tag{9.5}$$

로 주어진다. 이 모델에 대해 **감마 분포**(gamma distribution)를 정확도 파라미터 τ의 사전 확률로 이용한다. 감마 분포의 확률 밀도 함수는

$$p(\tau;\alpha,\beta) = \frac{\tau^{\alpha-1}\beta^{\alpha}e^{-\beta\tau}}{\Gamma(\alpha)} \tag{9.6}$$

로 정의된다. 여기서, $\Gamma(\alpha)$는 **감마 함수**(gamma function)라고 불리는 함수로,

$$\Gamma(\alpha) := \int_0^{\infty} x^{\alpha-1}e^{-x}dx \tag{9.7}$$

로 정의된다(그림 9.5).

감마 함수는, 양의 정수 k에 대해

$$\Gamma(k) = (k-1)!$$

를 만족한다. 따라서, 감마 함수는 **계승**(factorial)을 연속적인 값에 일반화한 것으로 해석할 수 있다. 식 (9.6)의 α와 β는, 감마 분포의 파라미터다. 파라미터 값에 따른 감마 분포의 확률 밀도 함수의 예들을 그림 9.6에 제시한다.

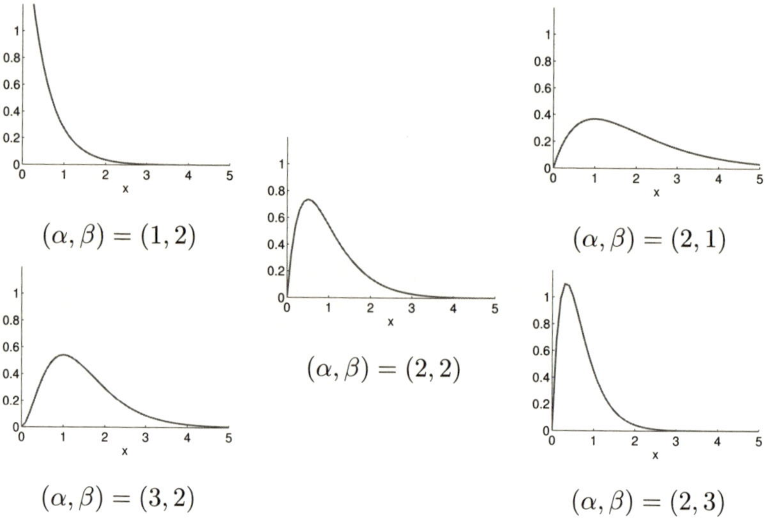

그림 9.6: 감마 분포의 확률 밀도 함수

모델 (9.5)에 대한 우도의 식에 (9.6)의 사전 확률을 사용하면 사후 확률은 다시 감마 분포가 된다.

$$p(\tau|\mathcal{X}) = \frac{\tau^{\widetilde{\alpha}-1}\widetilde{\beta}^{\widetilde{\alpha}}e^{-\widetilde{\beta}\tau}}{\Gamma(\widetilde{\alpha})} \tag{9.8}$$

단, 감마 분포의 파라미터는

$$\widetilde{\alpha} := \alpha + \frac{n}{2}, \qquad \widetilde{\beta} := \beta + \frac{\sum_{i=1}^{n} x_i^2}{2} \tag{9.9}$$

와 같이 갱신된다.

연습 9.3: 식 (9.8)과 식(9.9)를 증명하라. ■

연습 9.4: 이미 연습 9.1에서 보았듯이, 기댓값이 μ이고, 분산 공분산 행렬이 I_d인 가우스 모델에 대해서, 가우스 분포가 켤레 사전 분포다. 공분산 행렬이 단위 행렬이 아니라 일반적인 양정치 대칭 행렬 Σ에 대해서도 Σ가 이미 알려져 있으면(즉 파라미터는 μ뿐), 가우스 분포는

켤레 사전 분포가 된다. 이 사실을 증명하고, 사후 확률의 기댓값과 분산 공분산 행렬을 구하라. 구체적으로 아래와 같은 모델에 대해서

$$q(\boldsymbol{x}|\boldsymbol{\mu}) = \frac{1}{(2\pi)^{\frac{d}{2}} \det(\boldsymbol{\Sigma})^{\frac{1}{2}}} \exp\left(-\frac{1}{2}(\boldsymbol{x}-\boldsymbol{\mu})^\top \boldsymbol{\Sigma}^{-1}(\boldsymbol{x}-\boldsymbol{\mu})\right)$$

사전 확률이 아래와 같을 때,

$$p(\boldsymbol{\mu}; \boldsymbol{\eta}, \boldsymbol{\Gamma}) = \frac{1}{(2\pi)^{\frac{d}{2}} \det(\boldsymbol{\Gamma})^{\frac{1}{2}}} \exp\left(-\frac{1}{2}(\boldsymbol{x}-\boldsymbol{\eta})^\top \boldsymbol{\Gamma}^{-1}(\boldsymbol{x}-\boldsymbol{\eta})\right)$$

사후 확률이 가우스 분포가 되는 것을 보이고, 그 기댓값 $\widetilde{\eta}$와 분산 공분산 행렬 $\widetilde{\boldsymbol{\Gamma}}$를 구하라. ■

켤레 사전 분포를 이용하면, 사후 분포를 닫힌 형태로 계산할 수 있어서 편리하다. 그러나 경우에 따라서는 켤레가 아닌 사전 분포를 사용하려는 경우도 있을 것이다. 그런 경우는, 근사적으로 사후 분포를 구하게 된다. 11.4절에서 이러한 근사 방법을 소개한다.

10장 베이즈 추론의 수치 계산법

앞 장에서는 베이즈 추론법을 정의하고, 그 근사 계산법인 최대 사후 확률 추정법을 설명한 후, 켤레 사전 분포에 대해 해석적인 베이즈 추론량의 계산이 가능함을 보였다. 이번 장에서는 임의의 사전 분포와 모델에 대해 수치적으로 베이즈 추정량을 계산하는 방법을 설명한다. 먼저 난수를 사용해 적분을 수치적으로 계산하는 몬테카를로 방법을 소개한다. 몬테카를로 방법을 실행하려면 원하는 확률 분포에 따른 난수를 생성할 필요가 있다. 따라서 균등 분포, 정규 분포 등 간단히 난수를 발생시킬 수 있는 분포를 통해 원하는 적분을 수치적으로 계산하는 다양한 방법을 소개한다.

10.1 몬테카를로 적분

베이즈 추론법에 따라 얻어지는 확률 밀도 함수의 추정

$$\widehat{p}_{\mathrm{Bayes}}(\boldsymbol{x}) = \int q(\boldsymbol{x}|\boldsymbol{\theta})p(\boldsymbol{\theta}|\mathcal{X})d\boldsymbol{\theta} \tag{10.1}$$

은 파라미티의 사후 확률 $p(\boldsymbol{\theta}|\mathcal{X})$만 주어지면 원칙적으로는 계산할 수 있다. 그러나 식 (10.1)을 실제로 컴퓨터에서 계산하려면 파라미터에 대한 적분을 잘 처리해야 한다. 적분의 수치적인 근사법 중의 하나로 **몬테카를로 적분**(Monte Carlo integration)이 있다. 몬테카를로는 유럽 모나코의

카지노로 유명한 도시 이름에서 기원한 이름인데, 몬테카를로 적분은 **난수**(random number)를 이용하는 수치 적분법을 가리킨다.

몬테카를로 적분은 기댓값의 형태로 나타나는 아래의 적분을

$$\int g(\boldsymbol{\theta})p(\boldsymbol{\theta})d\boldsymbol{\theta} \tag{10.2}$$

$p(\boldsymbol{\theta})$에서 나온 i.i.d. 표본 $\{\boldsymbol{\theta}_i\}_{i=1}^n$을 이용해 아래와 같이 근사하는 방법이다.

$$\frac{1}{n}\sum_{i=1}^{n} g(\boldsymbol{\theta}_i) \tag{10.3}$$

큰 수의 법칙(law of large numbers)에 의해 몬테카를로 적분은 일치성을 가지는 것을 알 수 있다. 즉, $n \to \infty$의 극한에서 식 (10.3)은 식 (10.2)에 확률 수렴한다.

$$\frac{1}{n}\sum_{i=1}^{n} g(\boldsymbol{\theta}_i) \xrightarrow{\text{p}} \int g(\boldsymbol{\theta})p(\boldsymbol{\theta})d\boldsymbol{\theta}$$

여기서 몬테카를로 적분을 사용하여 원주율 π를 수치 계산하는 방법을 소개한다. 그림 10.1에서 나타나듯이 반지름 1인 원과 이를 포함하는 변의 길이가 2인 정사각형을 생각해 보자. 반지름이 1인 원의 면적은 π이다. 이제 함수 $g(x, y)$를 반지름이 1인 원 안에서는 1, 밖에서는 0을 취하는 함수로 정의한다.

$$g(x,y) := \begin{cases} 1 & x^2 + y^2 \leq 1 \\ 0 & \text{그 외} \end{cases}$$

그리고 $p(x, y)$는 $[-1, 1]^2$ 상에서 균일 분포를 갖는 확률 밀도 함수로

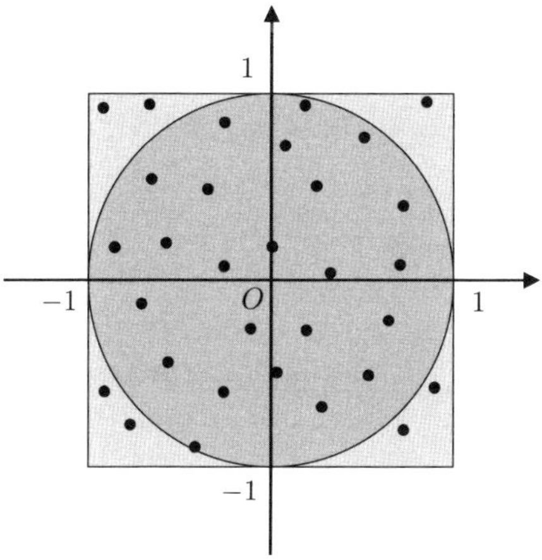

그림 10.1: 몬테카를로 적분을 이용한 원주율의 수치 계산법

정의한다.

$$p(x, y) := \begin{cases} 1/4 & -1 \leq x, y \leq 1 \\ 0 & \text{그 외} \end{cases}$$

이때, 단위 원의 면적 π는

$$\pi = 4 \iint g(x, y) p(x, y) dx dy$$

로 표시된다. 이제 균일 분포 $p(x, y)$에 따라 n개의 i.i.d. 표본 $\{(x_i, y_i)\}_{i=1}^{n}$를 발생시켜 위 식의 우변의 적분을 몬테카를로 방법으로 근사한다. n개의 표본 중, 원 안에 들어가는 표본 수를 n'으로 나타내면,

$$\pi \approx \frac{4}{n} \sum_{i=1}^{n} g(x_i, y_i) = \frac{4n'}{n}$$

와 같은 식을 얻을 수 있다. 대수의 법칙에 의해 $n \to \infty$의 극한에서 $4n'/n$는 실제의 원주율 π에 확률 수렴한다.

$$\frac{4n'}{n} \xrightarrow{\text{p}} \pi$$

연습 10.1: 몬테카를로 적분을 이용하여 실제로 원주율을 수치 계산해 보라. ■

10.2 중요 샘플링

베이즈 추론법에 몬테카를로 적분을 이용하기 위해서는 사후 분포 $p(\boldsymbol{\theta}|\mathcal{X})$에 따라 파라미터를 많이 생성할 필요가 있다. 사후 분포가 균일 분포, 정규 분포인 경우에는, Octave의 rand함수와 randn함수에서 난수를 발생시킬 수 있지만, 그 외의 경우에는 난수 생성 함수가 따로 없다. 여기서는 임의의 확률 밀도 함수 $p(\boldsymbol{\theta})$에 관한 기댓값을 rand함수나 randn함수 등 표본을 발생시키기 쉬운 확률 밀도 함수 $p'(\boldsymbol{\theta})$를 이용하여 근사하는 **중요 샘플링**(importance sampling)을 소개한다.

중요 샘플링에서는 확률 밀도 함수 $p'(\boldsymbol{\theta})$에서 생성된 표본 $\{\boldsymbol{\theta}'_i\}_{i=1}^n$을 사용하여 임의의 확률 밀도 함수 $p(\boldsymbol{\theta})$에 대한 기댓값을 근사한다. $p(\boldsymbol{\theta})$을 대신해 $p'(\boldsymbol{\theta})$에서 표본을 생성하므로, 이를 **대리 분포**(proxy distribution)라고 부른다. 중요 샘플링의 기본적인 아이디어는 다음 항등식으로 집약된다.

$$\int g(\boldsymbol{\theta})p(\boldsymbol{\theta})d\boldsymbol{\theta} = \int \left(g(\boldsymbol{\theta})\frac{p(\boldsymbol{\theta})}{p'(\boldsymbol{\theta})} \right) p'(\boldsymbol{\theta})d\boldsymbol{\theta} \tag{10.4}$$

즉, 함수 $g(\boldsymbol{\theta})$의 $p(\boldsymbol{\theta})$에 관한 기댓값은, 함수 $g(\boldsymbol{\theta})p(\boldsymbol{\theta})/p'(\boldsymbol{\theta})$의 $p'(\boldsymbol{\theta})$에 대한 기댓값과 같다. 확률 밀도 함수 비 $p(\boldsymbol{\theta})/p'(\boldsymbol{\theta})$를 **중요도**(importance)라고 부른다. 이름 그대로, 이 비율은 $p'(\boldsymbol{\theta})$에서 얻은 $p(\boldsymbol{\theta})$의 중요도를 나타낸다.

중요 샘플링에선, $p'(\boldsymbol{\theta})$에 따르는 표본 $\{\boldsymbol{\theta}'_i\}_{i=1}^n$에 대한 평균을 이용하여 식 (10.4)의 우변을 근사한다.

$$\frac{1}{n}\sum_{i=1}^{n} g(\boldsymbol{\theta}'_i)\frac{p(\boldsymbol{\theta}'_i)}{p'(\boldsymbol{\theta}'_i)}$$

대수의 법칙에 따라서, 위 식은 $n \to \infty$의 극한에서 $\int g(\boldsymbol{\theta})p(\boldsymbol{\theta})d\boldsymbol{\theta}$에 확률 수렴한다.

$$\frac{1}{n}\sum_{i=1}^{n} g(\boldsymbol{\theta}_i')\frac{p(\boldsymbol{\theta}_i')}{p'(\boldsymbol{\theta}_i')} \xrightarrow{\text{p}} \int g(\boldsymbol{\theta})p(\boldsymbol{\theta})d\boldsymbol{\theta}$$

연습 10.2: 함수 $g(x) = x^2$**의** $p(x) = \frac{1}{2}\exp(-|x|)$**에 대한 다음의 기댓값**

$$\int g(x)p(x)dx \tag{10.5}$$

를 가우스 분포를 대리 분포로 이용한 중요 샘플링 방법으로 계산하라. 참고로 $p(x)$**는 위치 파라미터(location parameter)가** 0**, 척도 파라미터(scale parameter)가** 1**인 라플라스 분포(Laplace distribution)의 확률 밀도 함수다.** ■

힌트: 식 (10.5)**은 위치 파라미터가** 0**, 척도 파라미터가** 1**인 라플라스 분포의 분산에 대응되며, 정확한 값은** 2**다.** □

10.3 컴퓨터로 유사 난수 만들기

앞 절에서는 중요 샘플링에 대해 설명했다. 중요 샘플링은 원하는 확률 분포에 관한 기댓값을 구할 때 다른 확률 분포에서 얻을 수 있는 표본과 이에 적용되는 중요도 가중치를 이용했다. 이번 절에서는 다른 확률 분포에서 얻은 표본을 이용하되 원하는 확률 분포를 따르는 표본을 실제로 생성하는 방법을 소개한다. 이 표본을 이용하여 몬테카를로 적분을 바로 실행할 수 있다.

10.3.1 역변환 샘플링

역변환 샘플링(inverse transform sampling)은, 1차원 균등 분포 $[0,1]$에 따르는 확률 변수 u에서, 임의의 1차원 확률 밀도 함수 $p(\theta)$에 따르는 확률 변수 θ를 생성하는 기술이다[14]. 역변환 샘플링은 확률 밀도 함수 $p(\theta)$의 **누적 분포 함수**(cumulative distribution function)의 역함수를 사용한다. $p(\theta)$의 누적 분포 함수 $P(\theta)$는

$$P(\theta) := \int_{-\infty}^{\theta} p(u)du$$

와 같이 표현된다(그림 10.2). $u = P(\theta)$의 역함수를 $\theta = P^{-1}(u)$로 한다. 이때, $[0,1]$ 위의 균일 분포를 따르는 확률 변수 u에 대해, $\theta = P^{-1}(u)$는 확률 밀도 $p(\theta)$를 따른다(그림 10.3). 따라서, n개의 $[0,1]$ 위의 균일 확률 변수 $\{u_i\}_{i=1}^n$에 대해 $\theta_i = P^{-1}(u_i)$를 얻음으로써, $p(\theta)$를 따르는 확률 변숫값 $\{\theta_i\}_{i=1}^n$가 얻어진다.

역변환 샘플링의 정당성은 다음과 같이 증명할 수 있다. $\theta = P^{-1}(u)$에서 임의의 τ에 대해,

$$\mathbb{P}(\theta \le \tau) = \mathbb{P}(P^{-1}(u) \le \tau)$$

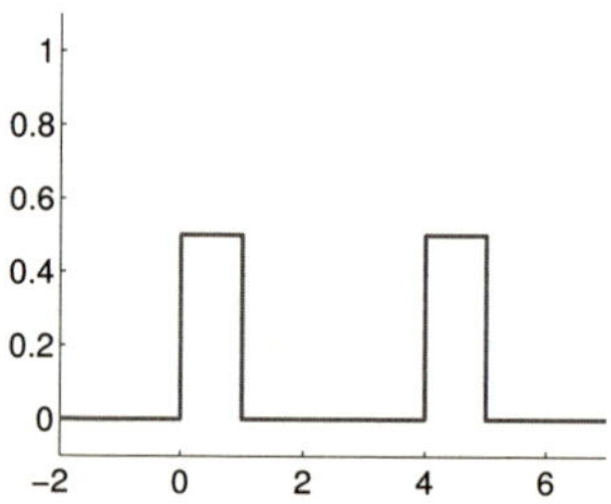

(a) 확률 밀도 함수 $p(\theta)$

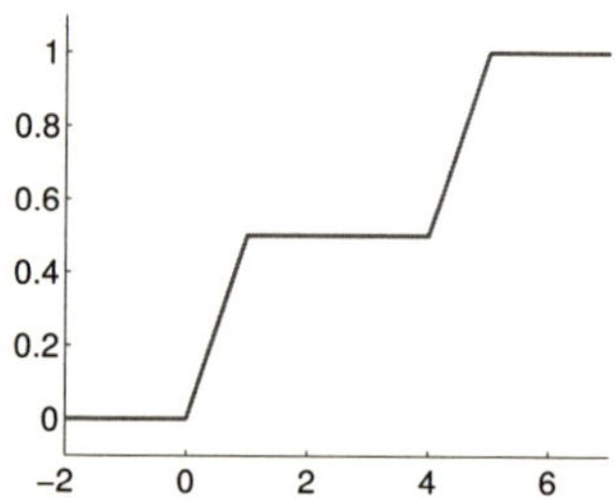

(b) 누적 분포 함수 $P(\theta)$

그림 10.2: 확률 밀도 함수 $p(\theta)$와 누적 분포 함수 $P(\theta)$의 예. 누적 분포 함수는 단조 비감소 함수로 $\lim_{\theta\to-\infty} P(\theta) = 0$이고, $\lim_{\theta\to\infty} P(\theta) = 1$을 만족한다.

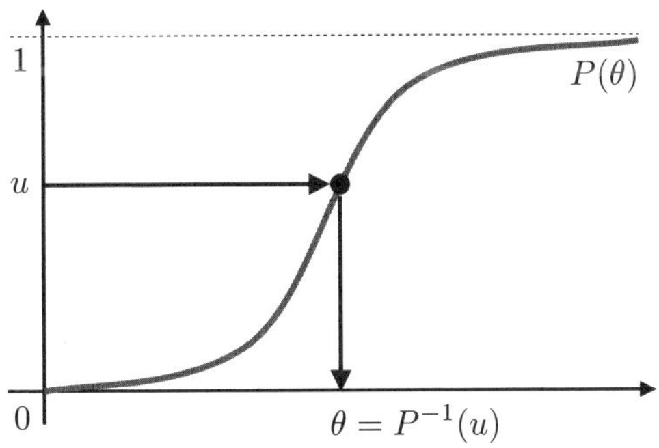

그림 10.3: 역변환 샘플링

가 성립한다. $\mathbb{P}(\cdot)$는 확률을 나타낸다. 그림 10.4에 나타나듯이, $\theta \leq \theta'$이면 $P(\theta) \leq P(\theta')$이기 때문에,

$$\mathbb{P}(P^{-1}(u) \leq \tau) = \mathbb{P}(u \leq P(\tau))$$

라고 변형할 수 있다. 또한 u는 $[0, 1]$ 위의 균일 분포를 따르기 때문에,

$$\mathbb{P}(u \leq P(\tau)) = \int_0^{P(\tau)} du = P(\tau)$$

가 성립하고,

$$\mathbb{P}(\theta \leq \tau) = P(\tau)$$

와 같음을 보일 수 있다. 이것은 역변환 샘플링에 의해 생성된 θ의 누적 분포 함수가, 구하고자 했던 $P(\tau)$라는 것을 의미한다.

역변환 샘플링은 누적 분포 함수의 역함수에 균일 분포를 따르는 확률 변수를 대입시켜 원하는 확률 분포의 변숫값을 얻을 수 있는 매우 간단한 기법이다. 하지만 역변환 샘플링은 1차원의 확률 분포에만 적용할 수 있다. 또한, 역함수 $\theta = P^{-1}(u)$를 정확히 계산해야 할 필요도 있기 때문에 확률 분포에 따라서는 계산하는 것이 어려운 경우도 있다.

연습 10.3: 라플라스 분포를 따르는 확률 변수를 역변환 샘플링을 이용해 생성하라. 그리고 역변환 샘플링에 의해 생성한 표본을 이용해 연습

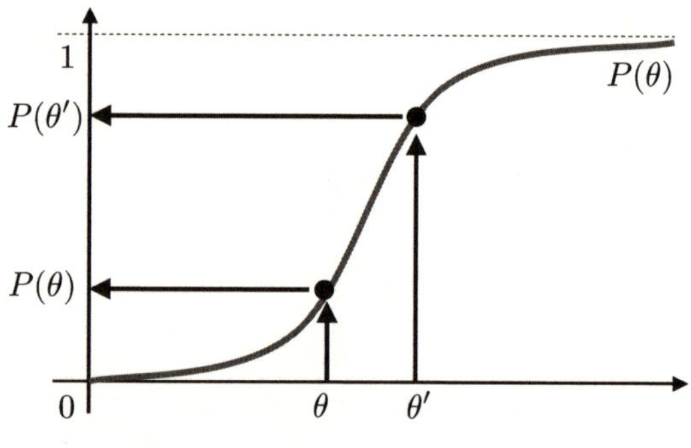

그림 10.4: $\theta \leq \theta'$이면 $P(\theta) \leq P(\theta')$

10.2와 동일한 함수 $g(x) = x^2$의 라플라스 분포 $p(x) = \frac{1}{2}\exp(-|x|)$에 대한 기댓값을 몬테카를로 적분으로 계산하라. ■

힌트: 라플라스 분포의 확률 밀도 함수 $p(x)$, 누적 분포 함수 $P(x)$, 그 역함수 $P^{-1}(u)$는 각각

$$p(x) = \frac{1}{2}\exp(-|x|), \quad P(x) = \frac{1}{2}\Big((1 + \mathrm{sgn}(x))(1 - \exp(-|x|)\Big)$$
$$P^{-1}(u) = -\mathrm{sgn}\left(u - \frac{1}{2}\right)\log\left(1 - 2\left|u - \frac{1}{2}\right|\right)$$

로 주어진다. □

10.3.2 기각 표본 샘플링

기각 표본 샘플링(rejection sampling)이란 적당한 확률 밀도 함수 $p'(\boldsymbol{\theta})$에서 생성된 표본을 이용하여 $p(\boldsymbol{\theta})$를 따르는 표본을 생성하는 방법이다[30]. 기각 표본 샘플링은 다차원 확률 분포에도 적용할 수 있다. 단,

$$\max_{\boldsymbol{\theta}}\left[\frac{p(\boldsymbol{\theta})}{p'(\boldsymbol{\theta})}\right] < \kappa$$

를 만족하는 유한값 κ가 존재해야 하고, 또한 그 값을 알고 있어야 한다. 일반적으로 가우스 분포나 균등 분포와 같이 표본을 생성하기 쉬운 분포를 대리 분포 $p'(\boldsymbol{\theta})$로 선택한다.

기각 표본 샘플링은 먼저 대리 분포 $p'(\boldsymbol{\theta})$에서 표본 $\boldsymbol{\theta}'$를 생성한다. $\boldsymbol{\theta}'$는 최종적으로 얻고 싶은 표본의 후보로서 제안되는 점이라는 의미로 $\boldsymbol{\theta}'$를 **제안점**(proposal point)이라고 부른다. 그리고 $[0, \kappa]$ 위의 균일 분포에서 표본 v를 생성한다. v는 제안점 $\boldsymbol{\theta}'$를 선택할지 여부를 판정하는 지표이다. 생성한 v가

$$v \leq \frac{p(\boldsymbol{\theta}')}{p'(\boldsymbol{\theta}')}$$

를 만족하면 $\boldsymbol{\theta}'$를 **채택**(accept)한다. 즉, $\boldsymbol{\theta}_i = \boldsymbol{\theta}'$로, 그리고 $i \leftarrow i + 1$로 갱신한다. 한편,

$$v > \frac{p(\boldsymbol{\theta}')}{p'(\boldsymbol{\theta}')}$$

이면 표본 $\boldsymbol{\theta}'$를 **기각**(reject)한다. 이 절차를 n개 표본이 채택될 때까지 계속하면, 채택된 표본 집합 $\{\boldsymbol{\theta}_i\}_{i=1}^n$는 $p(\boldsymbol{\theta})$를 독립적으로 따른다. 기각 표본 샘플링의 절차를 그림 10.5에 정리한다.

$i = 1, \ldots, n$에 대해 다음을 반복한다. 1. 대리 분포 $p'(\boldsymbol{\theta})$에서 제안점 $\boldsymbol{\theta}'$을 생성시킨다. 2. $[0, \kappa]$ 위의 균일 분포에서 지표 v를 생성한다. 3. 만약 $v > p(\boldsymbol{\theta}')/p'(\boldsymbol{\theta}')$이면 제안점 $\boldsymbol{\theta}'$를 기각하고 1로 돌아간다. 4. 제안점 $\boldsymbol{\theta}'$을 채택하고 $\boldsymbol{\theta}_i \longleftarrow \boldsymbol{\theta}'$로 한다. 5. 카운터를 증가시킨다: $i \longleftarrow i + 1$

그림 10.5: 기각 표본 샘플링의 알고리즘

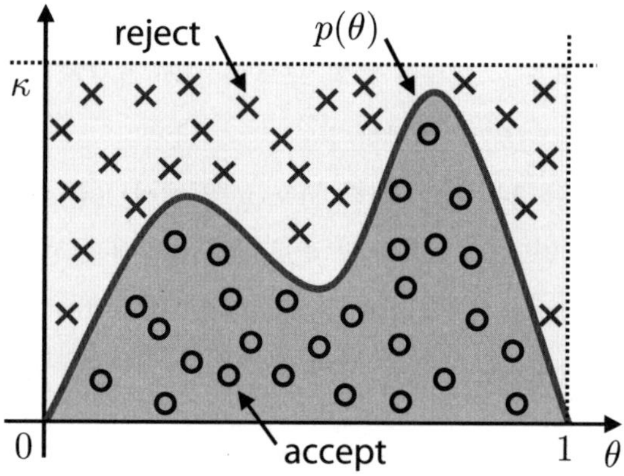

그림 10.6: 대리 분포가 균일 분포인 경우의 기각 표본 샘플링의 기하학적 해석

기각 표본 샘플링의 개념은 $p(\boldsymbol{\theta})$가 $[0,1]$ 위에서 정의되고, 대리 분포 $p'(\boldsymbol{\theta})$가 $[0,1]$ 상의 균일 분포인 경우에 직관적으로 알기 쉽다(그림 10.6). 그림의 $p(\boldsymbol{\theta})$의 곡선보다 아래 영역에 표본이 생성된 경우에는 채택하고 $p(\boldsymbol{\theta})$의 곡선보다 윗 영역에 표본이 생성된 경우에는 기각한다. 이렇게 하면 $p(\boldsymbol{\theta})$에 따라 표본을 생성할 수 있다.

기각 표본 샘플링은, 사용자가 κ만 미리 계산해 놓으면 대리 분포 $p'(\boldsymbol{\theta})$에서 표본을 생성시키는 것만으로 원하는 확률 분포 $p(\boldsymbol{\theta})$를 따르는 확률 변숫값들을 얻을 수 있다. 그러나, $p(\boldsymbol{\theta})$의 모양에 따라서는 제안점 $\boldsymbol{\theta}'$이 채택될 확률이 낮고, n개의 표본을 채택하는 데 시간이 많이 걸릴 수 있다. 예를 들어, $p(\boldsymbol{\theta})$의 모양이 날카롭게 뾰족한 경우에는 κ값이 매우 커져서, 지표 v가 $p(\boldsymbol{\theta})$ 이하가 될 확률이 매우 낮아진다(그림 10.7). 또, 대리 분포 $p'(\boldsymbol{\theta})$에 따라서는 유한의 κ가 존재하지 않을 수도 있고, 이런 경우에는 기각 표본 샘플링을 사용할 수 없다.

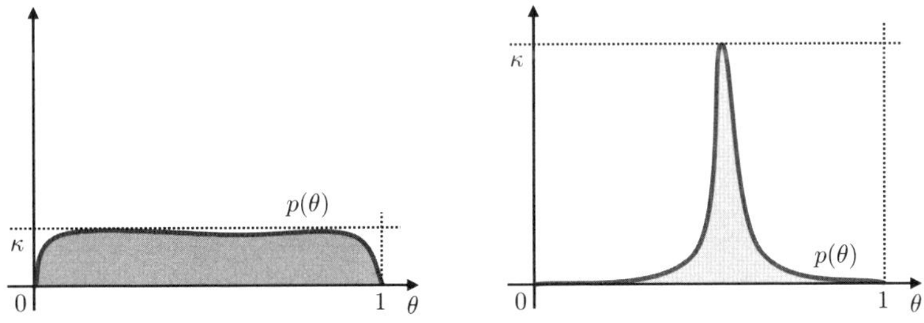

(a) 효율적인 경우 (b) 비효율적인 경우

그림 10.7: 확률 밀도 함수의 형태에 따른 기각 표본 샘플링의 효율성. (a), (b) 두 경우 모두 $\int p(\theta)d\theta = 1$이지만, (a)의 경우 κ의 값이 작고, 따라서 제안점이 채택될 확률이 높다. 한편, (b)의 경우는 κ의 값이 커서 제안점이 채택될 확률이 낮기 때문에 많은 난수를 생성해야 하고, 따라서 계산 시간이 많이 걸린다.

10.3.3 마르코프 체인 몬테카를로 방법

기각 표본 샘플링은 상계 κ값을 모르는 경우에는 사용할 수 없다. **마르코프 체인 몬테카를로 방법**(Markov chain Monte Carlo method; MCMC method)은 그런 제한이 없는 범용적인 방법이다. 시간에 따라 변화하는 확률 변수를 **확률 과정**(stochastic process)이라고 하는데, 마르코프 체인은 그런 확률 과정의 한 종류다. 구체적으로는, 어떤 시각 i의 표본 $\boldsymbol{\theta}_i$의 생성 확률이 한 시각 앞의 표본 $\boldsymbol{\theta}_{i-1}$에만 의존할 때 표본열 $\boldsymbol{\theta}_1, \ldots, \boldsymbol{\theta}_n$를 마르코프 체인이라고 한다. 이 절에서는 **메트로폴리스 헤이스팅스 방법**(Metropolis-Hastings method)이라고 불리는 마르코프 체인 몬테카를로의 한 종류를 소개한다[18, 12].

메트로폴리스 헤이스팅스 방법에서는 기각 표본 샘플링과 같이 독립적으로 제안점을 발생시키는 것이 아니라, 제안점을 마르코프 체인에 따라 순차적으로 발생시킨다. 즉 대리 분포가 현재 표본 $\boldsymbol{\theta}_i$에 의존한다.

$$p'(\boldsymbol{\theta}|\boldsymbol{\theta}_i)$$

이 대리 분포에 따라 생성된 제안점 $\boldsymbol{\theta}'$에 대해, $[0, 1]$ 위의 균일 분포에 따라 생성된 지표 v를 기준으로 제안점 $\boldsymbol{\theta}'$이 적절한지의 여부를 판정한다. 즉 다음의 조건을 만족하면

$$v \leq \frac{p(\boldsymbol{\theta}')p'(\boldsymbol{\theta}_i|\boldsymbol{\theta}')}{p(\boldsymbol{\theta}_i)p'(\boldsymbol{\theta}'|\boldsymbol{\theta}_i)}$$

제안점 $\boldsymbol{\theta}'$을 다음과 같이 채택한다.

$$\boldsymbol{\theta}_{i+1} = \boldsymbol{\theta}'$$

한편,

$$v > \frac{p(\boldsymbol{\theta}')p'(\boldsymbol{\theta}_i|\boldsymbol{\theta}')}{p(\boldsymbol{\theta}_i)p'(\boldsymbol{\theta}'|\boldsymbol{\theta}_i)}$$

이라면 제안점 $\boldsymbol{\theta}'$를 기각하고 현재 값을 유지한다.

$$\boldsymbol{\theta}_{i+1} = \boldsymbol{\theta}_i$$

기각할 경우의 처리 방법이 기각 표본 샘플링과는 다른 것을 주의해야 한다. 초깃값 $\boldsymbol{\theta}_0$는 사용자가 적당하게 결정하게 되어 있다.

예를 들어, 대리 분포 $p'(\boldsymbol{\theta}|\boldsymbol{\theta}_i)$는 기댓값이 $\boldsymbol{\theta}_i$, 공분산 행렬이 $\sigma^2 \boldsymbol{I}_d$인 정규 분포를 쓴다. 이때, 제안점 $\boldsymbol{\theta}'$는 $\boldsymbol{\theta}_i$의 근방에서 생성되어 $\boldsymbol{\theta}_1, \boldsymbol{\theta}_2, \ldots$ 방향으로 서서히 이동해 간다. 이러한 랜덤한 계열을 **임의 행로**(random walk)라고 부른다(그림 10.8).[1]

기각 표본 샘플링은 유한한 표본 수 n에 대해 $\{\boldsymbol{\theta}_i\}_{i=1}^n$가 $p(\boldsymbol{\theta})$에 따르는 것이 보장되지만, 메트로폴리스 헤이스팅스 방법에 의해 얻어지는 표본 $\{\boldsymbol{\theta}_i\}_{i=1}^n$은, $n \to \infty$의 극한에서 **평형 분포**(equilibrium distribution)가 확률 밀도 $p(\boldsymbol{\theta})$를 따르게 된다. 또한 마르코프 체인의 연속성으로 인해, 수집한 표본 $\{\boldsymbol{\theta}_i\}_{i=1}^n$의 최초의 값들은 사용자가 임의로 정한 초깃값

[1] 일본어 원서에는, 술 취한 사람이 걷는 모양과 비슷하다고 하여 '갈 지 之' 걸음걸이라고도 한다고 적혀 있다.[역주]

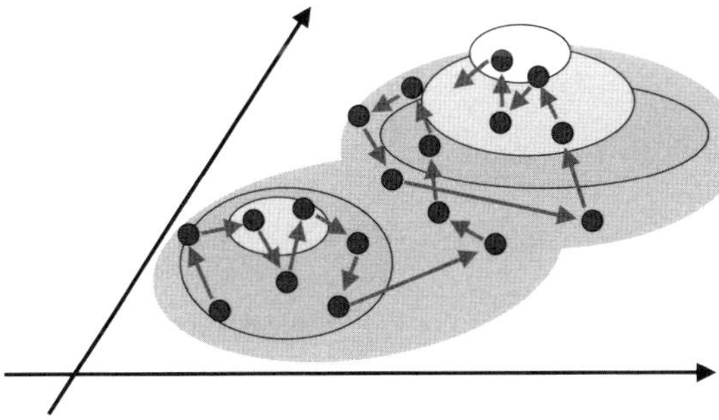

그림 10.8: 임의 행로

$\boldsymbol{\theta}_0$에 의존한다. 이 영향을 완화하기 위해 표본 $\{\boldsymbol{\theta}_i\}_{i=1}^n$ 가운데 처음 얻어진 적당한 비율을 버리는 경우도 있다. 이것을 **담금질**(burn-in)이라고 한다.

11장 베이즈 추론법의 모델 선택

베이즈 추론법은 파라미터의 사전 확률을 활용해 추정한다. 파라미터에 관한 사전 지식이 있다면 그 지식을 바탕으로 사전 확률을 결정하면 된다. 그러나 실제로는 파라미터의 사전 확률에 대한 지식이 전혀 없는 경우가 많으며, 이런 경우 사전 확률이 사용자에 의해 설정되어야 한다. 하지만 베이즈 추론법으로 얻을 확률 밀도 함수의 추정 결과가 파라미터의 사전 확률에서 영향을 받으므로 어떻게든 사전 확률을 개관적으로 결정할 수 있어야 합리적인 추정 결과를 얻을 수 있다. 이 장에서는, 베이즈 추론법의 사전 확률의 설정 방법 및 모델 선택에 대해 설명한다.

11.1 사전 확률의 설정과 모델 선택

여기에서는 사전 확률 $p(\boldsymbol{\theta})$를 임의의 파라미터 $\boldsymbol{\beta}$를 변화시키며 제어할 수 있는 경우를 생각한다. 그런 사전 확률을

$$p(\boldsymbol{\theta};\boldsymbol{\beta})$$

와 같이 나타낸다. 이 파라미터 $\boldsymbol{\beta}$를 학습 표본 $\{\boldsymbol{x}_i\}_{i=1}^n$을 사용하여 객관적으로 설정하고자 한다. 여기서 주의할 것은, 사전 분포는 추정하는 것이 아니라 설정한다는 것이다. 즉 설정된 사전 확률은 실제 사전 확률의 추정이 아니다. 확률 밀도 함수의 파라메트릭 모델 $q(\boldsymbol{x}|\boldsymbol{\theta})$의 파라미

터 $\boldsymbol{\theta}$와 사전 확률의 파라미터 $\boldsymbol{\beta}$를 구별하기 위해, $\boldsymbol{\beta}$를 **하이퍼 파라미터**(hyperparameter)라고 부른다.

9.3절에서 설명한 것 처럼, 최대 사후 확률 추정법은 벌칙 첨부 최우 추정법으로 볼 수 있다. 7.3절에서 나타냈듯이, 최우 추정법의 모델 선택은 아카이케의 정보량 기준에 따라 행할 수 있다. 마찬가지로, 최대 사후 확률 추정법에 대해서는 아카이케의 정보량 기준을 약간 수정한 기준에 따라 정규화(regularization)의 정도를 조절하여 모델 선택을 할 수 있다[26, 19, 15].

한편, 최대 사후 확률 추정법은 베이즈 추론법의 근사 방법이다. 즉, 모델의 파라미터 $\boldsymbol{\theta}$를 확률 변수로 취급하고 있다. 이를 활용하면, 아카이케의 정보량 기준과는 다른 입장으로 사전 확률의 설정이나 모델 선택을 할 수 있다. 이 절에서는 그런 입장에서의 베이즈식 모델 선택 방법을 설명한다.

최대 우도 추정법은, 학습 표본 $\mathcal{X}$가 발생할 확률이 가장 높도록 파라미터 $\boldsymbol{\theta}$를 결정한다는 방법이었다. 하이퍼 파라미터 $\boldsymbol{\beta}$도 똑같이 학습 표본 $\mathcal{X}$가 가장 발생되기 쉽도록, 즉, $p(\mathcal{X};\boldsymbol{\beta})$를 최대로 하도록 설정하는 것이 자연스러울 것이다. 가지고 있는 학습 표본이 생성될 확률 $p(\mathcal{X};\boldsymbol{\beta})$은,

$$p(\mathcal{X};\boldsymbol{\beta}) = \int \prod_{i=1}^{n} q(\boldsymbol{x}_i|\boldsymbol{\theta})p(\boldsymbol{\theta};\boldsymbol{\beta})d\boldsymbol{\theta} \tag{11.1}$$

로 나타낼 수 있다. 식 (11.1)를 $\boldsymbol{\beta}$의 함수로 본 것을, **주변 우도**(marginal likelihood)라고 부른다. 주변 우도는 **증거**(evidence)라고 불리기도 한다. 또한 주변 우도의 로그를 취한 것의 음의 값을 **자유 에너지**(free energy)라고 한다.

주변 우도를 최대화하는 하이퍼 파라미터를 사용하여 사전 확률을 설정하는 방법을 **경험적 베이즈 방법**(empirical Bayes method)이라고 부른다. 경험적 베이즈 방법은, **제2종 최대 우도 추정법**(type II maximum likelihood estimation)이나, **증거 근사**(evidence approximation)라고도 불린다. 주변 우도를 최대화하도록 선택된 하이퍼 파라미터를 $\boldsymbol{\beta}_{EB}$로 나타낸다면, 경험적 베이즈 방법에 의해 설정된 사전 확률은 다음 식과 같이 표현된다.

$$p(\boldsymbol{\theta};\boldsymbol{\beta}_{EB}), \quad \boldsymbol{\beta}_{EB} := \underset{\boldsymbol{\beta}}{\mathrm{argmax}} \int \prod_{i=1}^{n} q(\boldsymbol{x}_i|\boldsymbol{\theta})p(\boldsymbol{\theta};\boldsymbol{\beta})d\boldsymbol{\theta}$$

또한 베이즈의 입장에서는 파라메트릭 모델 $q(\boldsymbol{x}|\boldsymbol{\theta})$도 마찬가지로 주변 우도를 최대화하도록 선택하면 좋다. 즉 모델의 집합 중에서 학습 표본 $\{\boldsymbol{x}_i\}_{i=1}^{n}$이 가장 발생되기 쉬운 모델을 선택한다.

연습 11.1: 모델과 사전 확률이 각각

$$q(x|\mu) = \frac{1}{\sqrt{2\pi}} \exp\left(-\frac{(x-\mu)^2}{2}\right)$$
$$p(\mu;\beta) = \frac{1}{\sqrt{2\pi\beta^2}} \exp\left(-\frac{\mu^2}{2\beta^2}\right)$$

로 주어질 때, 학습 표본 $\mathcal{X} = \{x_i\}_{i=1}^{n}$에 대한 로그 주변 우도를 계산하라. ■

11.2 주변 우도의 라플라스 근사

식 (11.1)의 주변 우도는 파라미터 $\boldsymbol{\theta}$에 대한 적분을 포함하고 있다. 10.3.3절에서 설명한 마르코프 체인 몬테카를로 방법은 이 적분을 수치적으로 계산할 수 있는 하나의 방법을 제공한다. 한편, **라플라스 근사**(Laplace approximation)는 주변 우도를 해석적으로 근사하는 방법을 제공한다. 여기에서는 다음의 식을 이용하여

$$f(\boldsymbol{\theta}) = \prod_{i=1}^{n} q(\boldsymbol{x}_i|\boldsymbol{\theta})p(\boldsymbol{\theta};\boldsymbol{\beta})$$

$f(\boldsymbol{\theta})$의 적분을 근사하는 문제를 생각한다.

$$\int f(\boldsymbol{\theta})d\boldsymbol{\theta}$$

$f(\boldsymbol{\theta})$를 최대로 하는 $\boldsymbol{\theta}$를 $\widehat{\boldsymbol{\theta}}_{\mathrm{MAP}}$로 표시한다.

$$\widehat{\boldsymbol{\theta}}_{\mathrm{MAP}} := \underset{\boldsymbol{\theta}}{\operatorname{argmax}} f(\boldsymbol{\theta})$$

이것은 9.3절에 나와 있는 최대 사후 확률 추정이다. 여기서 $\log f(\boldsymbol{\theta})$를 $\widehat{\boldsymbol{\theta}}_{\mathrm{MAP}}$의 주변에서 **테일러 전개**(Taylor expansion) 하면 다음과 같다.

$$\begin{aligned}\log f(\boldsymbol{\theta}) &= \log f(\widehat{\boldsymbol{\theta}}_{\mathrm{MAP}}) + (\boldsymbol{\theta} - \widehat{\boldsymbol{\theta}}_{\mathrm{MAP}})^\top \frac{\partial}{\partial \boldsymbol{\theta}} \log f(\boldsymbol{\theta})\Big|_{\boldsymbol{\theta}=\widehat{\boldsymbol{\theta}}_{\mathrm{MAP}}} \\ &\quad + \frac{1}{2}(\boldsymbol{\theta} - \widehat{\boldsymbol{\theta}}_{\mathrm{MAP}})^\top \boldsymbol{H}(\boldsymbol{\theta} - \widehat{\boldsymbol{\theta}}_{\mathrm{MAP}}) + \cdots \end{aligned} \tag{11.2}$$

단, $\boldsymbol{H}$는 $\widehat{\boldsymbol{\theta}}_{\mathrm{MAP}}$에서의 $\log f(\boldsymbol{\theta})$의 **헤시안 행렬**(Hessian matrix)이다.

$$\begin{aligned} H_{i,j} &:= \frac{\partial^2}{\partial \theta^{(i)} \partial \theta^{(j)}} \log f(\boldsymbol{\theta})\Big|_{\boldsymbol{\theta}=\widehat{\boldsymbol{\theta}}_{\mathrm{MAP}}} \\ &= \frac{\partial^2}{\partial \theta^{(i)} \partial \theta^{(j)}} \left(\sum_{i=1}^{n} \log q(\boldsymbol{x}_i|\boldsymbol{\theta}) + \log p(\boldsymbol{\theta}; \boldsymbol{\beta}) \right)\Bigg|_{\boldsymbol{\theta}=\widehat{\boldsymbol{\theta}}_{\mathrm{MAP}}} \end{aligned} \tag{11.3}$$

$\widehat{\boldsymbol{\theta}}_{\mathrm{MAP}}$가 $f(\boldsymbol{\theta})$를 최대로 하도록 할 경우 log함수의 단조성으로부터

$$\frac{\partial}{\partial \boldsymbol{\theta}} \log f(\boldsymbol{\theta})\Big|_{\boldsymbol{\theta}=\widehat{\boldsymbol{\theta}}_{\mathrm{MAP}}} = \boldsymbol{0}_t$$

이 성립하기 때문에, 식 (11.2)의 1차항은 0이 된다.

이제 식 (11.2)의 2차항까지만 떼서 $\log \widehat{f}(\boldsymbol{\theta})$라고 하기로 한다(그림 11.1).

$$\log \widehat{f}(\boldsymbol{\theta}) := \log f(\widehat{\boldsymbol{\theta}}_{\mathrm{MAP}}) + \frac{1}{2}(\boldsymbol{\theta} - \widehat{\boldsymbol{\theta}}_{\mathrm{MAP}})^\top \boldsymbol{H}(\boldsymbol{\theta} - \widehat{\boldsymbol{\theta}}_{\mathrm{MAP}})$$

이 두 변에 지수를 취하면,

$$\widehat{f}(\boldsymbol{\theta}) = f(\widehat{\boldsymbol{\theta}}_{\mathrm{MAP}}) \exp\left(\frac{1}{2}(\boldsymbol{\theta} - \widehat{\boldsymbol{\theta}}_{\mathrm{MAP}})^\top \boldsymbol{H}(\boldsymbol{\theta} - \widehat{\boldsymbol{\theta}}_{\mathrm{MAP}}) \right)$$

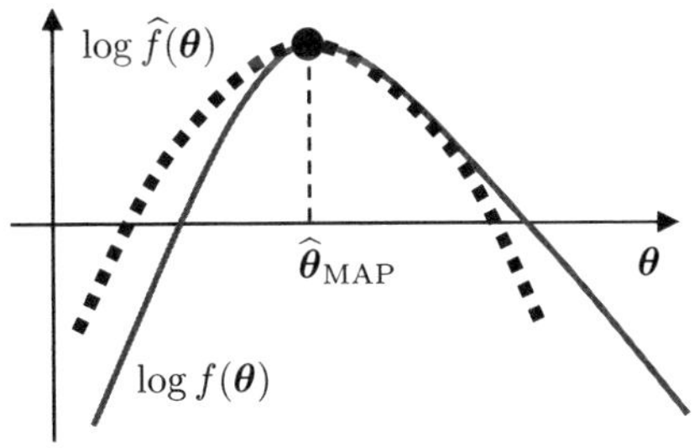

그림 11.1: 라플라스 근사

와 같은 근사식이 얻어진다. 여기서 정규 분포의 확률 밀도 함수가 아래와 같이 적분이 1이 되는 것을 이용하면

$$\frac{1}{(2\pi)^{\frac{t}{2}}\det(-\boldsymbol{H})^{\frac{1}{2}}}\int \exp\left(-\frac{1}{2}(\boldsymbol{\theta}-\widehat{\boldsymbol{\theta}}_{\text{MAP}})^{\top}(-\boldsymbol{H})(\boldsymbol{\theta}-\widehat{\boldsymbol{\theta}}_{\text{MAP}})\right)d\boldsymbol{\theta}=1$$

$\widehat{f}(\boldsymbol{\theta})$ 적분은,

$$\int \widehat{f}(\boldsymbol{\theta})d\boldsymbol{\theta}=f(\widehat{\boldsymbol{\theta}}_{\text{MAP}})\sqrt{\frac{(2\pi)^t}{\det(-\boldsymbol{H})}}$$

로 나타낼 수 있다. t는 파라미터 수($\boldsymbol{\theta}$의 차원 수)를 나타낸다. 이것을 $\int f(\boldsymbol{\theta})d\boldsymbol{\theta}$의 근삿값으로 사용하는 것이 라플라스 근사다(그림 11.1).

$\log f(\boldsymbol{\theta})$를 2차 함수로 근사하는 것은 $f(\boldsymbol{\theta})$를 (정규화하지 않은) 가우스 함수로 근사하는 것에 대응하므로, 라플라스 근사는 **가우스 근사**(Gaussian approximation)라고도 불린다.

연습 11.2:

$$f(\theta)=\phi(\theta;0,1^2)+\phi(\theta;0,2^2)$$
$$\phi(\theta;\mu,\sigma^2)=\frac{1}{\sqrt{2\pi\sigma^2}}\exp\left(-\frac{(\theta-\mu)^2}{2\sigma^2}\right)$$

에 대해

$$\int f(\theta)d\theta$$

값을 라플라스 근사로 구하라. ■

힌트: $\phi(\theta; \mu, \sigma^2)$**는 기댓값** μ**, 분산** σ^2**의 정규 분포의 확률 밀도 함수이므로,** $\int f(\theta)d\theta$**의 실제 값은** 2**이다.** □

라플라스 근사에 의해 주변 우도의 근사를 다음과 같이 얻을 수 있다.

$$p(\mathcal{X}; \boldsymbol{\beta}) \approx \sqrt{\frac{(2\pi)^t}{\det(-\boldsymbol{H})}} \prod_{i=1}^{n} q(\boldsymbol{x}_i|\widehat{\boldsymbol{\theta}}_{\mathrm{MAP}})p(\widehat{\boldsymbol{\theta}}_{\mathrm{MAP}}; \boldsymbol{\beta}) \tag{11.4}$$

사후 확률 $p(\boldsymbol{\theta}|\mathcal{X})$이 가우스 분포에 가까울수록 라플라스 근사는 정밀도가 높은 좋은 결과를 얻을 수 있다. 학습용 표본 수 n이 충분히 클 때 **중심 극한 정리**(central limit theorem)에 의해 사후 확률이 가우시안 분포로 수렴하는 것이 보장되므로 라플라스 근사에 의한 주변 우도의 근사는 정밀도가 높다. 실제로는 식 (11.4)의 로그를 취한 것을 사용하는 것이 많다.

$$\begin{aligned}\log p(\mathcal{X}; \boldsymbol{\beta}) \approx &\sum_{i=1}^{n} \log q(\boldsymbol{x}_i|\widehat{\boldsymbol{\theta}}_{\mathrm{MAP}}) + \log p(\widehat{\boldsymbol{\theta}}_{\mathrm{MAP}}; \boldsymbol{\beta}) \\ &+ \frac{t}{2}\log(2\pi) - \frac{1}{2}\log\left(\det(-\boldsymbol{H})\right)\end{aligned} \tag{11.5}$$

연습 11.3: 식 (11.4)**과 식** (11.5)**를 증명하여라.** ■

연습 11.4: 모델과 사전 확률이 각각

$$q(x|\mu) = \frac{1}{\sqrt{2\pi}}\exp\left(-\frac{(x-\mu)^2}{2}\right)$$
$$p(\mu; \beta) = \frac{1}{\sqrt{2\pi\beta^2}}\exp\left(-\frac{\mu^2}{2\beta^2}\right)$$

로 주어질 때, 학습 표본 $\mathcal{X} = \{x_i\}_{i=1}^n$에 대한 로그 주변 우도의 라플라스 근사가 다음과 같이 되는 것을 증명하라.

$$\begin{aligned}\log p(\mathcal{X};\beta) \approx -\frac{n}{2}\log 2\pi - \frac{1}{2}\sum_{i=1}^{n}(x_i - \widehat{\mu}_{\mathrm{MAP}})^2 \\ - \frac{\widehat{\mu}_{\mathrm{MAP}}^2}{2\beta^2} - \frac{1}{2}\log(n\beta^2 + 1)\end{aligned}$$

단, $\widehat{\mu}_{\mathrm{MAP}}$는 μ의 최대 사후 확률 추정량이다.

$$\begin{aligned}\widehat{\mu}_{\mathrm{MAP}} &:= \underset{\mu}{\mathrm{argmax}}\ p(\mu|\mathcal{X}) \\ &= \underset{\mu}{\mathrm{argmax}}\left(\sum_{i=1}^{n}\log q(x_i|\mu) + \log p(\mu;\beta)\right)\end{aligned}$$

또, 연습 11.1의 결과와 비교해 보자. ■

연습 11.5: 기댓값 0.5, 분산 1의 정규 분포에서 n개의 학습용 표본을 독립적으로 생성하고, 과제 11.4의 설정을 이용해 경험적 베이즈 방법으로 하이퍼파라미터 β를 결정하라. 구체적으로, β의 후보를 몇 가지 준비하여 로그 주변 우도가 가장 큰 값을 선택한다. 그리고 그렇게 선정된 β를 이용해 최대 사후 확률 추정법으로 μ를 추정하라. 또한, 실제의 정규 분포의 기댓값, 분산 및 학습 표본 수를 바꾸어 실험을 하고, 최대 사후 확률 추정법, 경험적 베이즈 방법 및 최우 추정법의 정확성을 비교하라. ■

힌트: 로그 주변 우도의 라플라스 근사를 이용한 하이퍼파라미터 선택 프로그램의 예를 그림 11.2에 나타낸다. □

```
clear all
n=20; mu=0.5; sigma=1; xx=sigma*randn(n,1)+mu;
betas=[0.01:0.01:3]; b=length(betas);

mu_MLE=mean(xx); sigma_MLE=std(xx,1);
for i=1:b
   beta=betas(i); mu_MAP(i)=sum(pxx)/(n+beta.^(-2));
   logML(i)=-n/2*log(2*pi)-sum((xx-mu_MAP(i)).^2)/2 ...
      -mu_MAP(i)^2/(2*beta^2)-log(n*beta^2+1);
end
[dummy,c]=max(logML);

figure(1); clf; hold on;
plot(betas,logML,'r-'); plot(betas(c),logML(c),'@16');
xlabel('beta'); legend('log ML');
print -deps logML.eps

figure(2); clf; hold on;
plot(betas,mu*ones(1,b),'g-'); plot(betas,mu_MAP,'r-');
plot(betas,mu_MLE*ones(1, b),'b-');
plot(betas(c),mu_MAP(c),'@16');
xlabel('beta'); legend('True','MAP','MLE',4)
print -deps MAP.eps
```

그림 11.2: 로그 주변 우도의 라플라스 근사를 이용한 하이퍼 파라미터 선택 프로그램의 예. '...'는 여러 줄에 걸쳐 프로그램을 작성할 때 사용하는 표현이다.

11.3 베이즈 정보량 기준

몬테카를로 적분을 이용하는 경우에 비해, 라플라스 근사를 사용하면 주변 우도를 상당히 효율적으로 계산할 수 있다. 그러나 파라미터 수 t가 큰 경우에는, $t \times t$ 헤시안 행렬 $\boldsymbol{H}$의 계산에 시간이 걸린다. 그래서 학습 표본 수 n이 충분히 크다고 가정하고, 라플라스 근사에 의해 얻어진 아래의 근삿값을 다시 한 번 근사하기로 한다.

$$\begin{aligned}\log p(\mathcal{X};\boldsymbol{\beta}) \approx & \sum_{i=1}^{n} \log q(\boldsymbol{x}_i|\widehat{\boldsymbol{\theta}}_{\mathrm{MAP}}) + \log p(\widehat{\boldsymbol{\theta}}_{\mathrm{MAP}};\boldsymbol{\beta}) \\ & + \frac{t}{2}\log(2\pi) - \frac{1}{2}\log\left(\det(-\boldsymbol{H})\right)\end{aligned}$$

위 식의 우변의 첫째 항 $\sum_{i=1}^{n} \log q(\boldsymbol{x}_i|\widehat{\boldsymbol{\theta}}_{\mathrm{MAP}})$의 크기는, n에 비례한다. 한편, 두 번째 항 $\log p(\widehat{\boldsymbol{\theta}}_{\mathrm{MAP}};\boldsymbol{\beta})$와 세 번째 항 $\frac{t}{2}\log(2\pi)$의 크기는 n에 의존하지 않는다. 또한, 대수의 법칙에서 식 (11.3)에 정의된 헤시안 행렬 $\boldsymbol{H}$의 각 요소를 n으로 나눈 값은

$$\begin{aligned}\frac{1}{n}H_{i,j} = & \left.\frac{\partial^2}{\partial\theta^{(i)}\partial\theta^{(j)}}\left(\frac{1}{n}\sum_{i=1}^{n}\log q(\boldsymbol{x}_i|\boldsymbol{\theta}) + \frac{1}{n}\log p(\boldsymbol{\theta};\boldsymbol{\beta})\right)\right|_{\boldsymbol{\theta}=\widehat{\boldsymbol{\theta}}_{\mathrm{MAP}}} \\ & \xrightarrow{\mathrm{p}} \left.\frac{\partial^2}{\partial\theta^{(i)}\partial\theta^{(j)}}\left(\mathbb{E}_{\boldsymbol{x}}\left[\log q(\boldsymbol{x}|\boldsymbol{\theta})\right]\right)\right|_{\boldsymbol{\theta}=\widehat{\boldsymbol{\theta}}_{\mathrm{MAP}}} =: \widetilde{H}_{i,j}\end{aligned}$$

를 만족한다. $\widetilde{\boldsymbol{H}}$와 $t \times t$는 행렬이므로,

$$\det(n\widetilde{\boldsymbol{H}}) = n^t \det(\widetilde{\boldsymbol{H}})$$

가 성립한다. 따라서,

$$\frac{1}{2}\log\left(\det(-\boldsymbol{H})\right) \xrightarrow{\mathrm{p}} \frac{t}{2}\log n + \frac{1}{2}\log\left(\det(-\widetilde{\boldsymbol{H}})\right)$$

와 같은 식을 얻을 수 있다. 위 식의 우변의 1항의 크기는 $\log n$에 비례하지만, 2항의 크기는 n에는 의존하지 않는다.

여기서, n이 충분히 큰 경우를 생각하면, n에 의존하지 않는 항은 n이나 $\log n$에 비례하는 항보다 크기가 작기 때문에 무시할 수 있다. 또한, 최대 사후 확률 추정량 $\widehat{\boldsymbol{\theta}}_{\mathrm{MAP}}$와 최우 추정량 $\widehat{\boldsymbol{\theta}}_{\mathrm{ML}}$의 차이의 크기는 겨우 n^{-1}에 비례한다고 알려져 있다. 따라서, n에 의존하지 않는 항을 무시하면,

$$\sum_{i=1}^{n} \log q(\boldsymbol{x}_i|\widehat{\boldsymbol{\theta}}_{\mathrm{MAP}}) \approx \sum_{i=1}^{n} \log q(\boldsymbol{x}_i|\widehat{\boldsymbol{\theta}}_{\mathrm{ML}})$$

가 성립한다. 이를 정리하면, 로그 주변 우도는

$$\log p(\mathcal{X};\boldsymbol{\beta}) \approx \sum_{i=1}^{n} \log q(\boldsymbol{x}_i|\widehat{\boldsymbol{\theta}}_{\mathrm{ML}}) - \frac{t}{2}\log n$$

로 근사된다. 이 우변의 부호를 반전시킨 것을 **베이즈 정보 기준**(Bayesian information criterion; BIC)이라고 한다.

$$\mathrm{BIC} := -\sum_{i=1}^{n} \log q(\boldsymbol{x}_i|\widehat{\boldsymbol{\theta}}_{\mathrm{ML}}) + \frac{t}{2}\log n$$

BIC는 매우 쉽게 계산할 수 있기 때문에, 모델 선택에 자주 사용된다. 그러나 BIC는 사전 확률에 의존하지 않기 때문에, 사전 확률의 설정에 사용할 수는 없다. 또 BIC는 전혀 다른 과정으로 도출되는 **최소 묘사 길이 기준**(minimum description length criterion; MDL)[23]과도 같은 것으로 알려져 있다.

BIC를 식 (7.2)에서 나타낸 AIC와 비교하면, 첫 번째 항(음의 로그 우도)은 같고, 두 번째 항만 다른 것을 알 수 있다.

$$\mathrm{AIC} = -\sum_{i=1}^{n} \log q(\boldsymbol{x}_i;\widehat{\boldsymbol{\theta}}_{\mathrm{ML}}) + t$$

쿨백 라이블러 정보량과 주변 우도라는 다른 값에서 유도된 각각의 정보량 기준이 흡사한 형태를 하고 있는 것은 매우 흥미롭다. 실제 AIC와 BIC가 각각 어떤 성질을 갖고 있는지는 다양한 설정에서 이론적으로 분석되고 있다[25, 34]. 그러나 AIC와 BIC는 다른 입장에서 도출되어 있기 때문에, 일률적으로 어느 한쪽이 더 낫다고 말할 수는 없다.

11.4 변분 베이지안 방법

주변 우도가 가우시안 함수에 가깝지 않을 때, 라플라스 근사는 좋은 결과를 얻을 수 없다. 이러한 경우에는 **변분 근사 방법**(variational approximation)이 효과적이다. 변분 근사 방법은 미리 준비해 놓은 (계산 가능한) 확률 밀도 함수 집합 중에서 가장 좋은 근사치를 구하는 방법이다[17].

어떤 **잠재 변수**(latent variable) $\boldsymbol{\eta}$를 도입하면, 주변화에 의해 주변 우도를

$$p(\mathcal{X};\boldsymbol{\beta}) = \iint p(\mathcal{X},\boldsymbol{\eta},\boldsymbol{\theta};\boldsymbol{\beta})d\boldsymbol{\eta}d\boldsymbol{\theta}$$

라고 표현할 수 있다. 여기서, $p'(\boldsymbol{\eta})$와 $p''(\boldsymbol{\theta})$라는 2개의 모델을 도입하면, 젠센 부등식(8.3절 참조)에 따라 다음과 같은 로그 주변 우도의 아래쪽 한계를 얻을 수 있다.

$$\begin{aligned}
\log p(\mathcal{X};\boldsymbol{\beta}) &= \log \iint p(\mathcal{X},\boldsymbol{\eta},\boldsymbol{\theta};\boldsymbol{\beta})d\boldsymbol{\eta}d\boldsymbol{\theta} \\
&= \log \iint p'(\boldsymbol{\eta})p''(\boldsymbol{\theta})\frac{p(\mathcal{X},\boldsymbol{\eta},\boldsymbol{\theta};\boldsymbol{\beta})}{p'(\boldsymbol{\eta})p''(\boldsymbol{\theta})}d\boldsymbol{\eta}d\boldsymbol{\theta} \\
&\geq \iint p'(\boldsymbol{\eta})p''(\boldsymbol{\theta})\log\frac{p(\mathcal{X},\boldsymbol{\eta},\boldsymbol{\theta};\boldsymbol{\beta})}{p'(\boldsymbol{\eta})p''(\boldsymbol{\theta})}d\boldsymbol{\eta}d\boldsymbol{\theta} =: F(p',p'')
\end{aligned}$$

$F(p',p'')$는 확률 밀도 함수 $p'(\boldsymbol{\eta})$와 $p''(\boldsymbol{\theta})$를 인수로 취하는 **범함수**(functional)다. $F(p',p'')$를 최대로 하도록 $p'(\boldsymbol{\eta})$와 $p''(\boldsymbol{\theta})$를 결정하면 로그 주변 우도의 근사를 얻을 수 있다. 변수에 대한 최대화가 아니라, 함수에 대한 최대화 문제는 **변분 문제**(variational problem)라고 불린다.

아래쪽 한계 $F(p',p'')$는 **변분 자유 에너지**(variational free energy)라고 불린다. 이 아래쪽 한계의 변분을 0으로 둔 식

$$\frac{\partial}{\partial p'}F(p',p'') = 0, \qquad \frac{\partial}{\partial p''}F(p',p'') = 0$$

을 풀면,

$$p'(\boldsymbol{\eta}) \propto \exp\left(\int p''(\boldsymbol{\theta}) \log p(\mathcal{X}, \boldsymbol{\eta}|\boldsymbol{\theta}; \boldsymbol{\beta}) d\boldsymbol{\theta}\right) \tag{11.6}$$

$$p''(\boldsymbol{\theta}) \propto p(\boldsymbol{\theta}) \exp\left(\int p'(\boldsymbol{\eta}) \log p(\mathcal{X}, \boldsymbol{\eta}|\boldsymbol{\theta}; \boldsymbol{\beta}) d\boldsymbol{\eta}\right) \tag{11.7}$$

을 얻을 수 있다. 식 (11.6)과 식 (11.7)을 EM 알고리즘과 같은 방법으로 교대로 계산함으로써 변분 문제의 해를 구할 수 있다. 이를 **변분 베이즈 EM 알고리즘**(variational Bayes EM algorithm)이라고 부른다. 식 (11.6)과 식 (11.7)은, 각각 VB-E스텝과 VM-M스텝으로 불린다.

쿨백 라이블러 정보량을 이용하면, 로그 주변 우도 $\log p(\mathcal{X}; \boldsymbol{\beta})$와 그 아래쪽 한계 $F(p', p'')$의 차이를

$$\log p(\mathcal{X}; \boldsymbol{\beta}) - F(p', p'') = \mathrm{KL}(p'(\boldsymbol{\eta})p''(\boldsymbol{\theta}) | p(\boldsymbol{\eta}, \boldsymbol{\theta}|\mathcal{X}; \boldsymbol{\beta}))$$

라고 표현할 수 있다(그림 11.3). 이 식에서, 변분 베이즈 EM 알고리즘은 $p'(\boldsymbol{\eta})p''(\boldsymbol{\theta})$를 사용하여 $p(\boldsymbol{\eta}, \boldsymbol{\theta}|\mathcal{X}; \boldsymbol{\beta})$를 근사하고 있는 것으로 해석할 수 있다. 따라서, 얻어진 $p''(\boldsymbol{\theta})$는 사후 분포 $p(\boldsymbol{\theta}|\mathcal{X}; \boldsymbol{\beta})$의 근삿값으로 볼 수 있다.

8.3절에서 나타낸 바와 같이, 보통 EM 알고리즘은 우도의 아래쪽 한계를 최대화했다. 변분 베이즈 EM 알고리즘과 마찬가지로, 보통 EM 알고리즘도 변분 문제로 해석할 수 있다. **젠센 부등식**(Jensen's inequality)

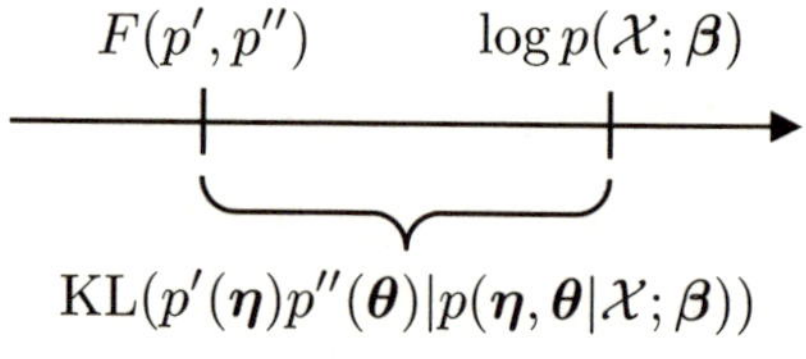

그림 11.3: 주변 우도와 그 아래쪽 한계

을 이용하면, 다음과 같은 우도의 아래쪽 한계를 얻을 수 있다.

$$\begin{aligned}\log p(\mathcal{X}|\boldsymbol{\theta}) &= \log \int p(\mathcal{X}, \boldsymbol{\eta}|\boldsymbol{\theta})d\boldsymbol{\eta} \\ &= \log \int p'(\boldsymbol{\eta}|\mathcal{X}, \boldsymbol{\theta}')\frac{p(\mathcal{X}, \boldsymbol{\eta}|\boldsymbol{\theta})}{p'(\boldsymbol{\eta}|\mathcal{X}, \boldsymbol{\theta}')}d\boldsymbol{\eta} \\ &\geq \int p'(\boldsymbol{\eta}|\mathcal{X}, \boldsymbol{\theta}') \log \frac{p(\mathcal{X}, \boldsymbol{\eta}|\boldsymbol{\theta})}{p'(\boldsymbol{\eta}|\mathcal{X}, \boldsymbol{\theta}')}d\boldsymbol{\eta} =: b(p', \boldsymbol{\theta})\end{aligned}$$

이 아래쪽 한계의 변분을 0으로 둔 식

$$\frac{\partial}{\partial p'}b(p', \boldsymbol{\theta}) = 0$$

을 풀면

$$p'(\boldsymbol{\eta}|\mathcal{X}, \boldsymbol{\theta}') = p(\boldsymbol{\eta}|\mathcal{X}, \boldsymbol{\theta}) \tag{11.8}$$

을 얻을 수 있다. 이것이 E단계다. 그리고,

$$\left.\frac{\partial}{\partial \boldsymbol{\theta}}b(p', \boldsymbol{\theta})\right|_{\boldsymbol{\theta}=\boldsymbol{\theta}'} = \mathbf{0}_t$$

를 만족하도록 $\boldsymbol{\theta}'$를 결정하는 것이 M단계다.

또한, **디락 델타 함수**(Dirac's delta function)를 사용하면 VB-E단계와 E단계의 대응 관계를 표시할 수 있다. 디랙 델타 함수 $\delta(\cdot)$는 임의의 함수 $g : \mathbb{R} \to \mathbb{R}$와 실수 κ에 대해,

$$\int_{-\infty}^{\infty} g(\tau)\delta(\kappa - \tau)d\tau = g(\kappa)$$

를 만족한다. 즉 델타 함수와 **합성곱**(convolution)에 의해 임의의 함수 $g(\cdot)$에 대해 κ에서의 값을 추출할 수 있다. 델타 함수 $\delta(\cdot)$는, 정규 분포의 확률 밀도 함수의 표준 편차를 0으로 보내는 극한으로 표현할 수 있다.

$$\delta(\tau) = \lim_{\sigma \to 0}\left(\frac{1}{\sqrt{2\pi\sigma^2}}\exp\left(-\frac{\tau^2}{2\sigma^2}\right)\right)$$

이 델타 함수를 이용해,

$$p''(\boldsymbol{\theta}) = \delta(\boldsymbol{\theta})$$

로 두면 식 (11.6)에서 주어지는 VB-E단계는

$$p'(\boldsymbol{\eta}) \propto p(\mathcal{X}, \boldsymbol{\eta}|\boldsymbol{\theta})$$

로 표현할 수 있다. 또한

$$p(\mathcal{X}, \boldsymbol{\eta}|\boldsymbol{\theta}) = p(\boldsymbol{\eta}|\mathcal{X}, \boldsymbol{\theta})p(\mathcal{X}|\boldsymbol{\theta}) \propto p(\boldsymbol{\eta}|\mathcal{X}, \boldsymbol{\theta})$$

을 만족하기 때문에, 결국

$$p'(\boldsymbol{\eta}) \propto p(\boldsymbol{\eta}|\mathcal{X}, \boldsymbol{\theta})$$

이 되고, VB-E단계는 E단계와 일치함을 알 수 있다.

12장 커널 밀도 추정법

지금까지 파라메트릭 모델을 이용한 추정법을 설명했다. 실제 확률 밀도 함수가 단순할 때, 그에 맞는 파라메트릭 모델을 사용하면, 최우 추정법 및 베이즈 추론법에 따라 좋은 결과를 얻을 수 있다(그림 12.1(a)). 그러나 실제 확률 밀도 함수가 복잡한 경우에는 적절한 파라메트릭 모델을 구축하는 것이 어렵다(그림 12.1(b)). 이번 장에서는 파라메트릭 모델을 사용하지 않는, **논파라메트릭 방법**(nonparametric method)에 대해 말한다.

12.1 히스토그램 방법

가장 간단한 논파라메트릭 방법 중 하나는 **히스토그램 방법**(histogram method)이다. 히스토그램 방법은 패턴 공간 $\mathcal{D}$를 적당히 분할하고, 각 분할에 들어가는 학습 표본 수를 센 후, 이를 전체 적분이 1이 되도록 정규화한 것을 확률 밀도 함수의 추정량으로 사용하는 방법이다. 히스토그램 방법의 예를 그림 12.2에 나타낸다. 이 그림에서 알 수 있듯이, 히스토그램 방법에 따라 복잡한 확률 밀도 함수의 대체적인 형태를 잘 파악할 수 있다. 분할된 영역을 **빈**(bin)이라고 한다. 빈은 위치에 따라 모양과 크기가 다를 수 있다.

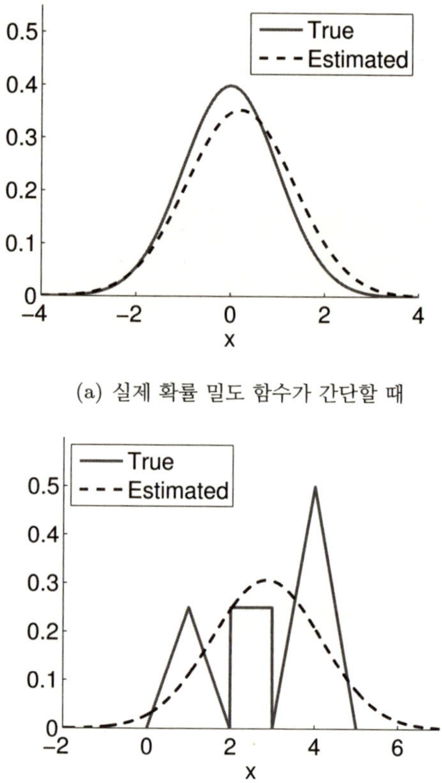

(a) 실제 확률 밀도 함수가 간단할 때

(b) 실제 확률 밀도 함수가 복잡할 때

그림 12.1: 가우스 최우 추정의 예

히스토그램 방법은 계산이 매우 간단하지만, 실질적으로 몇 가지 문제가 있다.

- 추정한 확률 밀도 함수가 빈(bin)사이에서 불연속이다.
- 빈의 모양과 크기를 결정하는 것이 어렵다(그림 12.3).
- 간단한 방법(예를 들면 격자 분할)에서는 입력 차원 d의 증가와 함께 빈(bin)의 수가 기하급수적으로 증가할 것이다.

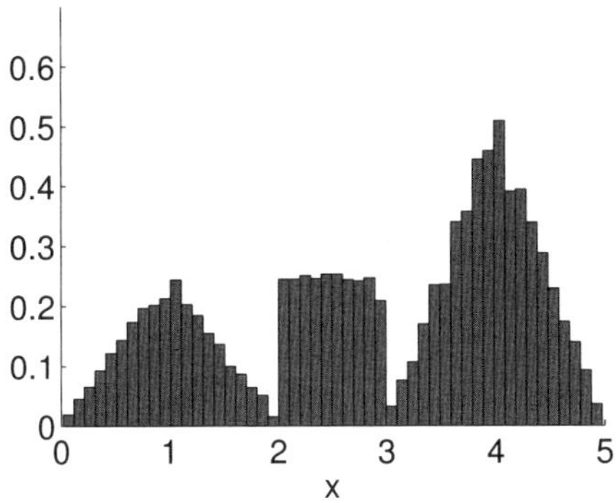

그림 12.2: 히스토그램 방법의 예

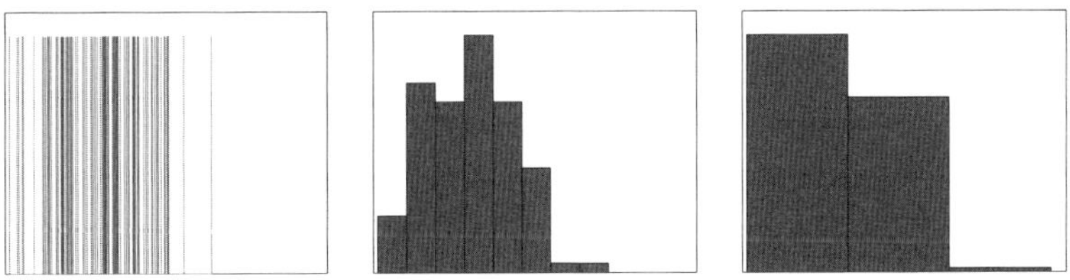

(a) 빈의 폭이 너무 좁다. (b) 빈의 폭이 적당하다. (c) 빈의 폭이 너무 넓다.

그림 12.3: 히스토그램 빈의 폭의 선택 방법의 영향

이번 장에서는 이러한 문제를 해결하는 논파라메트릭 방법을 소개한다.

12.2 논파라메트릭 방법의 기본 개념

이 장에서는 논파라메트릭 방법의 기본적인 개념을 설명한다. 여기에서는 어떤 **관심점**(point of interest) $\boldsymbol{x}'$의 확률 밀도 값 $p(\boldsymbol{x}')$을 추정하는 문제를 생각한다.

관심점 $\boldsymbol{x}'$을 포함하는 패턴 공간 $\mathcal{D}$ 안의 한 **영역**(region)을 $\mathcal{R}$로 표

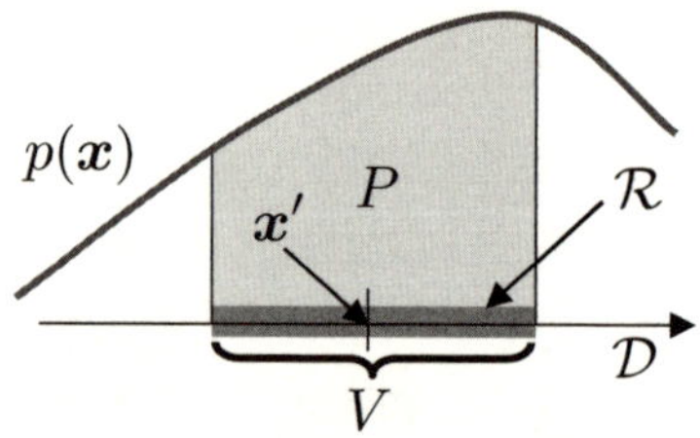

그림 12.4: 논파라메트릭 방법의 표기

기하고, $\mathcal{R}$의 **체적**(volume)을 V라고 하자.

$$V := \int_{\mathcal{R}} d\boldsymbol{x}$$

어떤 패턴 $\boldsymbol{x}$가 영역 $\mathcal{R}$에 들어갈 확률 P는

$$P := \int_{\mathcal{R}} p(\boldsymbol{x})d\boldsymbol{x}$$

와 같이 적을 수 있다. 위의 기호들이 그림 12.4에 정리되어 있다.

확률 P의 값은, 관심점 $\boldsymbol{x}'$을 이용해,

$$P \approx Vp(\boldsymbol{x}') \tag{12.1}$$

로 근사할 수 있다(그림 12.5). 한편, n개의 학습 표본 $\{\boldsymbol{x}_i\}_{i=1}^n$ 가운데 영역 $\mathcal{R}$ 내부에 들어가 있는 개수를 k로 나타내면, P의 값은

$$P \approx \frac{k}{n} \tag{12.2}$$

로 근사할 수 있다. 식 (12.1)와 식 (12.2)를 이용하여 P를 제거하면, $p(\boldsymbol{x}')$의 값은 다음 식으로 근사할 수 있다.

$$p(\boldsymbol{x}') \approx \frac{k}{nV} \tag{12.3}$$

식 (12.3)의 근사의 정확도는 식 (12.1)과 식 (12.2)의 근사의 정확도에 의존한다. 또한, 식 (12.1)과 식 (12.2)의 근사의 정확도는 영역 $\mathcal{R}$의

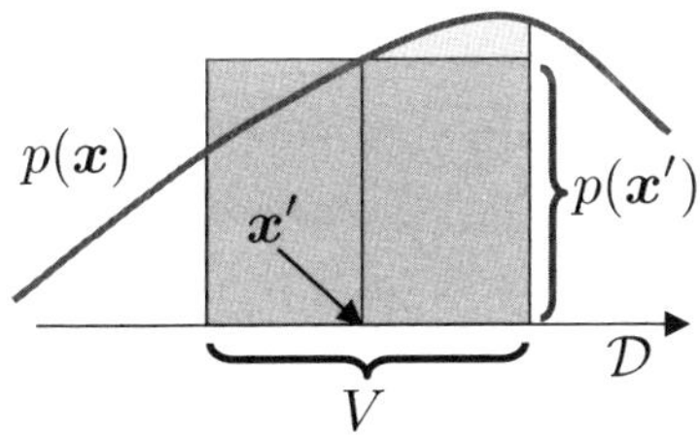

그림 12.5: 확률 P의 직사각형 근사

선택 방법에 의존한다. 그러므로 식 (12.1)과 식 (12.2)의 근사의 정확도와 영역 $\mathcal{R}$ 선택 방법의 관계를 살펴보도록 하자.

식 (12.1)은 적분의 단순한 직사각형 근사(정확히는 초직육면체 근사)이며, 영역 $\mathcal{R}$에서 $p(\boldsymbol{x})$가 상수 함수에 가까울수록 근사의 정확도가 좋다. 따라서, 영역 $\mathcal{R}$이 작으면 작을수록 식 (12.1)의 근사의 정확도는 높아진다.

이번에는 식 (12.2)의 근사의 정확도를 평가해 보자. n개의 학습 표본 중 k개가 영역 $\mathcal{R}$에 들어갈 확률은, **이항 분포**(binomial distribution)를 사용하여

$$ {}_nC_k P^k (1-P)^{n-k} \tag{12.4}$$

로 주어진다(그림 12.6). ${}_nC_k$는 **이항 계수**(binomial coefficient)이며,

$$ {}_nC_k := \frac{n!}{(n-k)!k!} $$

와 같이 정의된다. 이항 분포의 기댓값과 분산은 각각

$$ \mathbb{E}[k] = nP, \qquad \mathbb{V}[k] = nP(1-P) $$

로 주어진다. 따라서, k/n의 기대치는 실제의 P와 일치한다.

$$ \mathbb{E}\left[\frac{k}{n}\right] = P $$

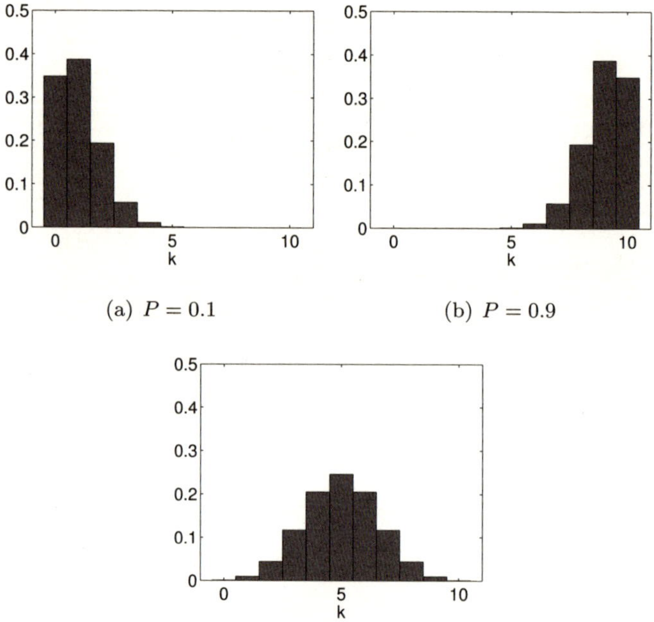

(a) $P = 0.1$ (b) $P = 0.9$

(c) $P = 0.5$

그림 12.6: 이항 분포($n = 10$)

그러나, 기댓값이 일치한다고 해서 k/n이 항상 P의 좋은 근삿값이라고는 할 수 없다. 분산이 크면 k/n는 P의 추정량으로 부적절하다. 여기에서는 기댓값을 1로 정규화한 새로운 값 z를 생각한다.

$$z := \frac{k}{nP}$$

z의 분산은

$$\mathbb{V}[z] = \frac{1-P}{nP}$$

와 같이 주어진다. 이 z의 분산이 작을 때 k/n를 P의 좋은 근삿값이라고 말할 수 있다. z의 분산을 P에 대한 함수로 계산한 그래프를 그림 12.7에 나타낸다. 이 그래프에서 볼 수 있듯이 P가 클수록 z의 분산은 작아진다.

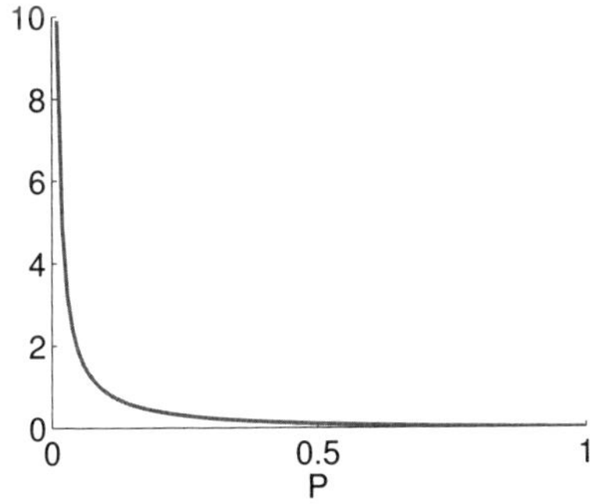

그림 12.7: 이항 분포의 정규화 분산

P를 크게 하기 위해서는 영역 $\mathcal{R}$을 크게 취하면 좋기 때문에, 영역 $\mathcal{R}$이 클수록 식 (12.2)의 근사 정확도가 향상된다.

앞서 설명한 것처럼, 식 (12.3)의 근사의 결과는 식 (12.1)과 식 (12.2)의 근사의 결과에 의존한다. 식 (12.1)과 식 (12.2)의 근사의 결과는 영역 $\mathcal{R}$의 선택 방법에 의존하고 있어서, 식 (12.1)의 근사의 정확도를 향상하려면 영역 $\mathcal{R}$을 작게 하는 것이 좋고, 식 (12.2)의 근사의 정확도를 향상하려면 영역 $\mathcal{R}$을 크게 하는 것이 좋다. 따라서 정확도 높은 $p(\boldsymbol{x})$를 추정하기 위해서는 적당한 크기의 영역 $\mathcal{R}$을 결정하는 것이 중요하다. 그래서, 학습 표본 $\{\boldsymbol{x}_i\}_{i=1}^{n}$ 을 사용하여 영역 $\mathcal{R}$을 결정한다.

12.3절과 13.1절에서는 영역 $\mathcal{R}$을 정하는 두 가지 방법을 설명한다. 12.3절에서는 영역 $\mathcal{R}$의 부피 V를 고정하고, 영역 $\mathcal{R}$에 포함되는 학습 표본의 수 k를 학습 표본으로부터 결정하는 방법을 설명한다. 13.1절에서는 반대로 영역 $\mathcal{R}$에 포함되는 학습 표본 수 k를 고정하고, 영역 $\mathcal{R}$의 부피 V를 학습 표본으로부터 결정하는 방법을 보여 준다.

12.3 파젠 윈도우 방법과 커널 밀도 추정법

이 장에서는 영역 $\mathcal{R}$의 체적 V를 고정시키고 영역 $\mathcal{R}$에 포함된 학습 표본을 이용하는 방법을 보여 준다. k값은 학습용 데이터로부터 결정된다.

영역 $\mathcal{R}$이 어떤 점 $\boldsymbol{x}$를 중심으로 하는 한 변의 길이가 b인 **초입방체**(hypercube)라고 하자(그림 12.8(a)). 이때, 영역 $\mathcal{R}$의 체적 V는

$$V = b^d \tag{12.5}$$

로 주어진다. d는 패턴 공간의 차원이다. 한편, 영역 $\mathcal{R}$에 포함되는 학습 표본 수 k는

$$k = \sum_{i=1}^{n} W\left(\frac{\boldsymbol{x} - \boldsymbol{x}_i}{b}\right) \tag{12.6}$$

로 나타낼 수 있다. 여기서 $W(\boldsymbol{x})$는 **파젠 윈도우 함수**(Parzen window function)이고,

$$W(\boldsymbol{x}) := \begin{cases} 1 & \max_{i=1,\ldots,d} |x^{(i)}| \leq \frac{1}{2} \\ 0 & \text{그 외} \end{cases}$$

라고 정의할 수 있다(그림 12.8(b)). 단,

$$\boldsymbol{x} = (x^{(1)}, \ldots, x^{(d)})^\top$$

이다.

식 (12.5)과 식 (12.6)을 식 (12.3)에 대입하면, 다음의 추정량 $\widehat{p}_{\text{Parzen}}(\boldsymbol{x})$을 얻을 수 있다.

$$\widehat{p}_{\text{Parzen}}(\boldsymbol{x}) = \frac{1}{nb^d} \sum_{i=1}^{n} W\left(\frac{\boldsymbol{x} - \boldsymbol{x}_i}{b}\right)$$

이 추정법을 **파젠 윈도우 방법**(Parzen window method)이라고 한다.

파젠 윈도우 방법을 실행한 예를 그림 12.9에 나타낸다. 추정 결과는 히스토그램 방법과 비슷하지만, 각 빈의 영역이 학습 표본에 맞추어져

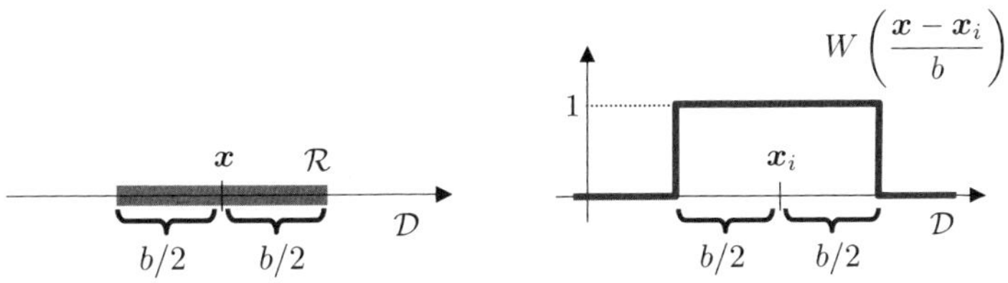

(a) 영역 $\mathcal{R}$을 얻는 방법　　(b) 파젠 윈도우 함수

그림 12.8: 파젠 윈도우 방법

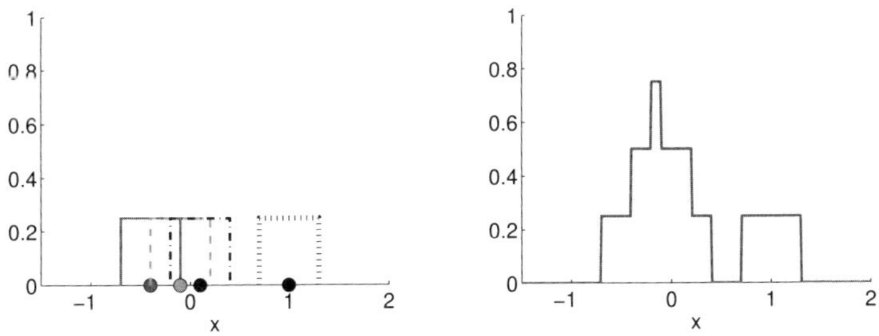

(a) 각 파젠 윈도우 함수　　(b) 파젠 윈도우 함수의 합산

그림 12.9: 파젠 윈도우 방법의 예

결정됨을 알 수 있다. 파젠 윈도우의 폭 b를 결정하는 방법에 대해서는 12.4절에서 설명한다.

각 빈의 영역이 학습 표본에 맞추어져 결정되기 때문에 파젠 윈도우 방법은 히스토그램 방법보다 유연하다. 하지만 추정 결과에서 영역의 이어지는 부분이 불연속이 된다는 문제는 해결되지 않는다. 이 문제는 파젠 윈도우 방법을 확장한 **커널 밀도 추정법**(kernel density estimation)을 이용해 해결할 수 있다. 커널 밀도 추정법은 파젠 윈도우 함수 대신 **커널 함수**(kernel function)라고 불리는 일반(부드러운 모양을 가진) 함수 $K(\boldsymbol{x})$를 사용한다.

$$\widehat{p}_{\mathrm{KDE}}(\boldsymbol{x}) = \frac{1}{nb^d}\sum_{i=1}^{n} K\left(\frac{\boldsymbol{x}-\boldsymbol{x}_i}{b}\right)$$

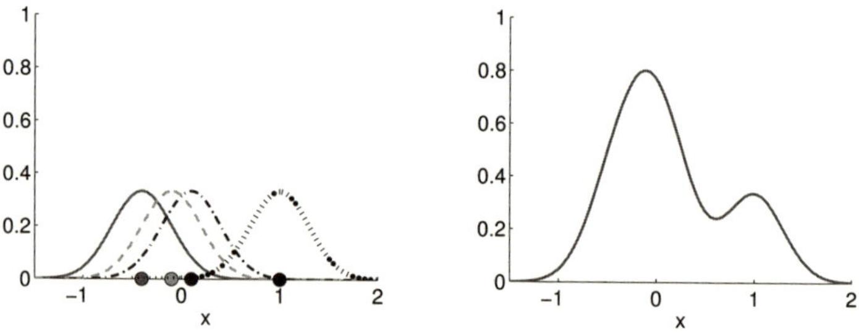

(a) 각 가우스 커널 함수 (b) 커널 함수의 합산

그림 12.10: 가우스 커널 밀도 추정법의 예. 4개의 표본은 그림 12.9과 같다.

단, 커널 함수는 아래를 만족해야 한다.

$$K(\boldsymbol{x}) \geq 0 \text{ for any } \boldsymbol{x} \in \mathcal{D}, \qquad \int_{\mathcal{D}} K(\boldsymbol{x}) d\boldsymbol{x} = 1$$

커널 밀도 추정법에서는 b를 커널 함수의 **대역폭**(bandwidth)이라고 한다. 커널 함수로 많이 사용되는 것은 **가우스 커널**(Gaussian kernel)이다.

$$K(\boldsymbol{x}) = \frac{1}{(2\pi b^2)^{\frac{d}{2}}} \exp\left(-\frac{\boldsymbol{x}^\top \boldsymbol{x}}{2b^2}\right)$$

가우스 커널에서는 대역폭 b는 가우스 함수의 표준 편차에 해당한다. 가우스 커널을 이용한 커널 밀도 추정 방법의 예를 그림 12.10에 나타낸다. 그림에서 알 수 있듯이 부드러운 확률 밀도 함수 추정량을 얻을 수 있다.

연습 12.1: 1차원 입력에 대해 커널 밀도 추정법을 구현해 보고, 적당한 학습용 표본을 이용해 확률 밀도 함수를 추정하라. 그리고 학습 표본의 수, 실제의 확률 분포, 커널 함수, 대역 폭 등의 조건을 변화시키며 어떻게 추정 결과가 바뀌는지 고찰하라. ■

힌트: 커널 밀도 추정법 및 그림 12.2의 데이터를 생성하는 Octave 예제코드는 각각 그림 12.11과 그림 12.12와 같다. □

```
clear all

n=5000; x=myrand(n); b=0.1;
xx=0:0.01:5; pxh=zeros(size(xx));
for i=1:n
   pxh=pxh+normal_pdf(xx,x(i),b^2)/n;
end

figure(1); clf;
hist(x,0:0.1:5,10);
figure(2); clf;
plot(xx,pxh,'r-');
```

그림 12.11: 커널 밀도 추정법의 예

```
function x=myrand(n)

x=zeros(1,n); u=rand(1,n);
flag=(0<=u & u<1/8); x(flag)=sqrt(8*u(flag));
flag=(1/8<=u & u<1/4); x(flag)=2-sqrt(2-8*u(flag));
flag=(1/4<=u & u<1/2); x(flag)=1+4*u(flag);
flag=(1/2<=u & u<3/4); x(flag)=3+sqrt(4*u(flag)-2);
flag=(3/4<=u & u<=1); x(flag)=5-sqrt(4-4*u(flag));
```

그림 12.12: 그림 12.2의 데이터를 생성하는 프로그램

12.4 우도 교차 검증법

커널 밀도 추정법은 커널 함수의 대역폭을 변화시켜 가면서 결과로 얻어지는 확률 밀도 함수의 매끄러운 정도를 조정할 수 있다. 대역폭을 적절하게 결정함으로써 확률 밀도 함수 추정 결과 $\widehat{p}_{\mathrm{KDE}}(\boldsymbol{x})$를 실제의 확률 밀도 함수 $p(\boldsymbol{x})$에 가깝도록 근사할 수 있다(그림 12.13). 이번 절에서는 알기 쉽고 실용성 높은 **우도 교차 검증법**(likelihood cross validation)을 소개한다.

우도 교차 검증법은 학습 표본을 '추정용'과 '확인용'으로 나누고, 추정용 표본으로 확률 밀도 함수를 추정하되 확인용 표본으로 그 우도를

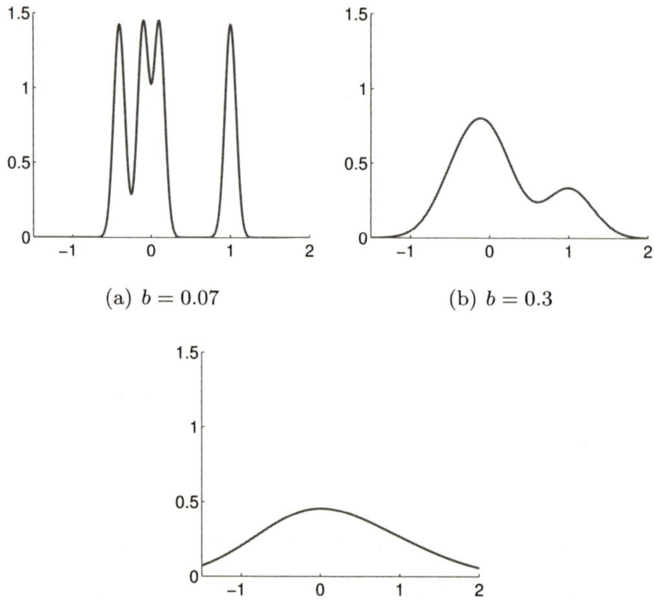

(a) $b = 0.07$ (b) $b = 0.3$

(c) $b = 0.7$

그림 12.13: 커널 함수의 대역폭 b의 선택에 따른 영향

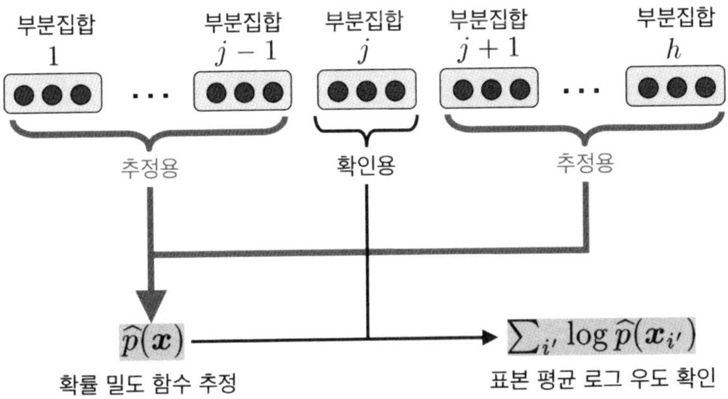

그림 12.14: 교차 검증법의 개념

평가한다는 생각이다. 확인용 표본에 대해 우도가 큰 것을 추정 결과가 좋은 것으로 판단한다. 우도 교차 검증법은 모델의 후보들 가운데 가장 좋은 것을 고르는 모델 선택 방법의 하나다(7.1절 참조). 즉 대역폭 값의 후보를 몇 가지 준비해 두고, 그중에서 가장 좋은 것을 선택한다.

그러나 표본을 단순히 「추정용」과 「확인용」으로 분리하는 것이 모델 선택의 결과가 표본을 분할하는 방식에 영향을 받도록 만들 수 있다. 이런 분할 방법에 대한 모델 선택의 의존성은 다음과 같이 완화시킬 수 있다(그림 12.14). 우선, 학습 표본을 h개의 중복이 없는 (거의) 같은 크기의 부분집합으로 분할한다. 그리고 $(h-1)$개의 표본 집단을 추정용, 나머지 1개의 표본 집단을 확인용으로 한다. $(h-1)$개의 표본 집합의 선택은 h개의 방법이 있기 때문에, 모든 조합에 대해 우도의 평가를 실시하되, 그 평균치를 최종 우도의 평가 값으로 한다. 일반적으로 $h=5$ 또는 $h=10$을 사용한다. 우도 교차 검증법의 알고리즘을 그림 12.15에 나타낸다.

여기서, 커널 밀도 추정법에 의해 얻어진 확률 밀도 함수의 추정량을 $\widehat{p}(\boldsymbol{x})$로 나타내었을 때, $\widehat{p}(\boldsymbol{x})$로부터 실제 확률 밀도 함수 $p(\boldsymbol{x})$까지의

1. 대역폭 행렬의 후보를 몇 가지 준비한다: $\{\boldsymbol{B}_j\}_j$
2. 학습용 표본 $\{\boldsymbol{x}_i\}_{i=1}^n$을 h개의 중복이 없는 서로 비슷한 크기의 부분집합으로 분할한다: $\{\boldsymbol{x}_i\}_{i=1}^n = \{\mathcal{X}_j\}_{j=1}^h$
3. 모든 모델 $\boldsymbol{B}_j$에 대해 다음을 반복한다.
   (a) $\ell = 1, \ldots, h$에 대해 다음을 반복한다.
      i. ℓ번째 부분 집합을 제외한 추정용 표본 $\{\mathcal{X}_i\}_{i \neq \ell}$을 이용하여 모델 $\boldsymbol{B}_j$에 대한 확률 밀도 함수의 추정값 $\widehat{p}_j^{(\ell)}(\boldsymbol{x})$을 구한다.
      ii. ℓ번째 부분집합의 평가용 표본 $\mathcal{X}_\ell$을 사용하여, $\widehat{p}_j^{(\ell)}(\boldsymbol{x})$의 로그우도 $J_j^{(\ell)}$를 평가한다:
$$J_j^{(\ell)} := \sum_{\boldsymbol{x}' \in \mathcal{X}_\ell} \log \widehat{p}_j^{(\ell)}(\boldsymbol{x}')$$
   (b) 모델 $\boldsymbol{B}_j$에 대한 로그 우도의 평가 값의 평균 J_j을 구한다:
$$J_j := \frac{1}{h} \sum_{\ell=1}^{h} J_j^{(\ell)}$$
4. 로그 우도의 평균 평가 값이 최대인 모델 $\boldsymbol{B}_{\widehat{j}}$을 고른다:
$$\widehat{j} := \underset{j}{\mathrm{argmax}}\, J_j$$
5. 선택된 모델 $\boldsymbol{B}_{\widehat{j}}$에 대해, 모든 학습 표본 $\{\boldsymbol{x}_i\}_{i=1}^n$을 사용하여 확률 밀도 함수의 추정 $\widehat{p}(\boldsymbol{x})$을 구한다.

그림 12.15: 우도 교차 검증법의 알고리즘

쿨백 라이블러 정보량(Kullback-Leibler information)을 생각해 보자.

$$\begin{aligned}\mathrm{KL}(p \| \widehat{p}) &:= \mathbb{E}_{\boldsymbol{x}}\left[\log \frac{p(\boldsymbol{x})}{\widehat{p}(\boldsymbol{x})}\right] \\ &= \mathbb{E}_{\boldsymbol{x}}[\log p(\boldsymbol{x})] - \mathbb{E}_{\boldsymbol{x}}[\log \widehat{p}(\boldsymbol{x})]\end{aligned}$$

$\mathbb{E}_{\boldsymbol{x}}$는 아래와 같은 $\boldsymbol{x}$에 대한 기댓값을 나타낸다.

$$\mathbb{E}_{\boldsymbol{x}}[f(\boldsymbol{x})] := \int f(\boldsymbol{x}) p(\boldsymbol{x}) d\boldsymbol{x}$$

제1항은 정수이므로 무시하고, 제2항을 J라 정의한다.

$$J := -\mathbb{E}_{\boldsymbol{x}}[\log \widehat{p}(\boldsymbol{x})]$$

이때, 우도 교차 검증법에 의해 얻을 수 있는 평가 값은 J값에 거의 불편 추정량이다[31]. 정확히는 우도 교차 검증법에 의해 얻어진 평가 값은 교차확인의 표본 분할된 상태에서의 (예를 들면 5분할의 경우는 80%의 학습용 표본만 가지고 수행한) 확률 밀도 함수의 추정량 $\widehat{p}'(\boldsymbol{x})$에 대해 J의 불편 추정량이다. 따라서, 우도 교차 검증법에 의한 모델 선택은 쿨백 라이블러 정보량을 근사적으로 최소화하는 모델을 선택하도록 되어 있다.

교차 검증법과 아카이케 정보량 기준(7.3절 참조)의 결과는 학습 표본 수가 많은 경우에 서로 같은 것으로 알려져 있다[27]. 하지만 아카이케 정보량 규준의 불편성은 점근적으로만 이뤄지는 대신, 교차 검증법의 불편성은 유한개의 학습 표본에 대해서도 이루어진다. 실제로 학습 표본 수가 별로 많지 않은 경우, 아카이케의 정보량 규준보다 교차 검증법 쪽이 좋은 결과를 내는 경우가 많다. 단, 교차 검증법은 반복적 추정을 할 필요가 있기 때문에 계산 시간이 많이 걸린다는 단점이 있다.

아카이케 정보량 기준은 최우 추정량에 대한 쿨백 라이블러 정보량의 추정이었지만, 교차 검증법은 어떤 거리 척도, 추정법에도 적용할 수 있다(예를 들면, 패턴 인식기의 오식별률에도 적용할 수 있다. 13.3절 참조). 따라서, 교차 검증법은 매우 일반적인 모델 선택 방법이며, 실용적 가치가 높은 기술이다.

연습 12.2: 커널 밀도 추정법을 사용하여 필기 인식을 해 보자(필기 문자 데이터에 관해서는 6장을 참조한다). 내역폭 h값은 우도 교차 검증법으로 결정하라. ■

13장　근접 이웃 밀도 추정법

앞 장에서는 논파라메트릭 방법의 기본 개념을 제시함과 동시에, 영역 $\mathcal{R}$의 체적을 V로 고정한 상태에서 영역 $\mathcal{R}$ 내부의 학습 표본의 수 k를 고려하는 커널 밀도 추정법을 소개했다. 커널 밀도 추정법과 우도 교차 검증법의 조합은 매우 일반적이고 실용성이 높은 확률 밀도 함수 추정의 방법이다. 이번 장에서는, 반대로 영역 $\mathcal{R}$에 포함되는 학습 표본 수 k를 고정시키고 영역 $\mathcal{R}$의 체적 V를 학습 표본으로부터 결정하는 **근접 이웃 밀도 추정법**(nearest neighbor density estimation)을 소개한다. 이 장 후반에서 소개하겠지만, 이 방법은 패턴 인식과 궁합이 매우 잘 맞는다.

13.1　근접 이웃 밀도 추정법

관심점 $\boldsymbol{x}'$을 포함하는 패턴 공간 $\mathcal{D}$ 내에서 체적이 V인 영역 $\mathcal{R}$을 생각한다.

$$V := \int_{\mathcal{R}} d\boldsymbol{x}$$

또한, n개의 학습 표본 $\{\boldsymbol{x}_i\}_{i=1}^{n}$을 고려했을 때 영역 $\mathcal{R}$에 들어가 있는 표본 개수를 k라 하면, 12.2절에서 설명한 바와 같이 $p(\boldsymbol{x}')$의 값은 다음 식으로 근사할 수 있다.

$$p(\boldsymbol{x}') \approx \frac{k}{nV} \tag{13.1}$$

이번 절에서는 임의의 $\boldsymbol{x}$를 중심으로 하는 반경 r의 **초구**(hypersphere)를 영역 $\mathcal{R}$로 사용한다. 이때, 영역 $\mathcal{R}$의 체적 V는

$$V = \frac{\pi^{\frac{d}{2}} r^d}{\Gamma(\frac{d}{2}+1)}$$

로 주어진다. 여기서 $\Gamma(\cdot)$는 **감마 함수**(gamma function)이다(식 (9.7) 참조).

초구의 반경 r을 학습 표본이 k개 포함된 최소 크기로 설정하게 되면, 식 (13.1)에 의해

$$\widehat{p}_{\mathrm{KNN}}(\boldsymbol{x}) = \frac{k\Gamma(\frac{d}{2}+1)}{n\pi^{\frac{d}{2}} r^d} \tag{13.2}$$

를 얻을 수 있다. 이 방법을, **k-근접 밀도 추정법**(k-nearest neighbor density estimation)이라고 한다. $k = 1$의 경우를 특히, **최근접 밀도 추정법**(nearest neighbor density estimation)이라고 한다.

k-근접 밀도 추정법에서는 영역 $\mathcal{R}$에 포함되는 학습 표본 수 k를 변화시킴으로써 결과로 얻을 확률 밀도 함수의 매끄러움을 조정할 수 있다. 바꾸어 말하면, k를 적절하게 조절해야만 확률 밀도 함수 추정 결과 $\widehat{p}(\boldsymbol{x})$가 실제 확률 밀도 함수 $p(\boldsymbol{x})$의 좋은 근삿값이 된다.

k는 영역 $\mathcal{R}$에 포함된 학습 표본 수이므로, 표본 수 n이 변화할 때 k도 자연스럽게 바뀌는 것이 좋다. 표본이 늘어나면서 식 (13.2)에서 주어지는 $\widehat{p}_{\mathrm{KNN}}(\boldsymbol{x})$가 실제의 $p(\boldsymbol{x})$에 수렴하기 위해서 k는 다음 조건을 충족해야 한다[16].

$$\lim_{n\to\infty} k = \infty, \qquad \lim_{n\to\infty} \frac{k}{n} = 0$$

예를 들어, $k = \sqrt{n}$는 이 조건을 만족한다. 그러나 실제로는 이 이론적인 결과를 이용하는 것보다, 12.4절에서 설명한 우도 교차 검증법을 사용하여 k를 정하는 것이 좋다.

최근접 밀도 추정법의 예를 그림 13.1에 나타내었다. 구하고자 하는 확률 밀도 함수의 형태는 다소 복잡하지만, 잘 근사되었음을 알 수 있다.

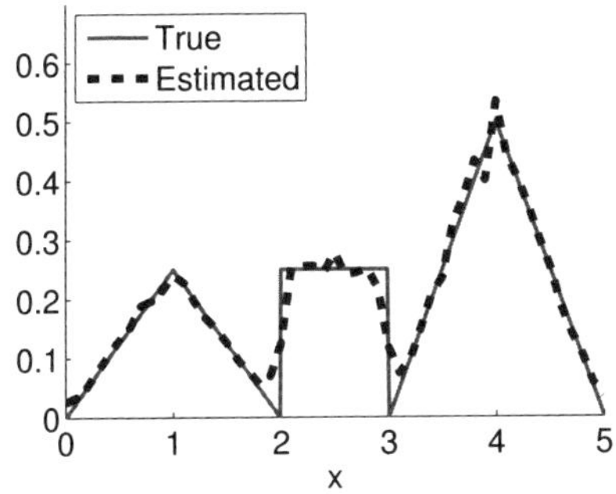

그림 13.1: 최근접 이웃 밀도 추정법의 예

연습 13.1: 1차원의 입력에 대한 최근접 밀도 추정법을 구현하고, 적당한 학습 표본을 이용하여 확률 밀도 함수를 추정하라. 그리고 학습 표본 수, 실제의 확률 분포, 이웃의 개수 등의 조건을 변화시켰을 때, 어떻게 추정 결과가 바뀌는지 고찰하라. ■

힌트: 최근접 밀도 추정법의 Octave의 프로그램의 예를 그림 13.2에 나타낸다. □

13.2 최근접 밀도 추정을 이용한 패턴 인식

이번 절에서는, 각 카테고리 Y에 대한 조건부 확률 $p(\boldsymbol{x}|y)$를 최근접 밀도 추정법에 따라 추정하고, 최대 사후 확률 법칙(3.2절 참조)에 따라 패턴 식별기를 만들어 보기로 한다.

베이즈 정리에 의해, 사후 확률 $p(y|\boldsymbol{x})$는

$$p(y|\boldsymbol{x}) = \frac{p(\boldsymbol{x}|y)p(y)}{\sum_{y'=1}^{c} p(\boldsymbol{x}|y')p(y')} \propto p(\boldsymbol{x}|y)p(y)$$

와 같이 나타낼 수 있다. 근접 이웃 수 $k = 1$의 최근접 밀도 추정법을

```
clear all


n=10000; x=myrand(n); k=200;
xx=0:0.01:5; m=length(xx);
dist=repmat(xx',[1 n])-repmat(x,[m 1]);
sort_dist=sort(abs(dist),2);
r=sort_dist(:,k)';
pxh=k*gamma(3/2)./(n*pi^(1/2)*r);


figure(1); clf;
hist(x,0:0.1:5,10);
figure(2); clf;
plot(xx,pxh,'r-');
```

그림 13.2: 최근접 밀도 추정 프로그램의 예. 'myrand'는 그림 12.12에서 보인 데이터 생성 프로그램이다.

이용하면, 카테고리 y의 조건부 확률 $p(\boldsymbol{x}|y)$는

$$p(\boldsymbol{x}|y) \approx \frac{\Gamma(\frac{d}{2}+1)}{n_y \pi^{\frac{d}{2}} r_y^d}$$

로 근사한다. r_y는 입력 패턴 $\boldsymbol{x}$로부터 분류 항목 y에 속하는 학습 표본 가운데 $\boldsymbol{x}$에 가장 가까운 것까지의 거리다. 그리고 n_y는 카테고리 y에 속하는 학습 표본의 개수다. 사전 확률 $p(y)$을 식 (3.3)과 같이

$$p(y) \approx \frac{n_y}{n}$$

로 근사하면 아래의 식이 얻어진다.

$$p(y|\boldsymbol{x}) \approx \frac{\Gamma(\frac{d}{2}+1)}{n_y \pi^{\frac{d}{2}} r_y^d} \frac{n_y}{n} \propto r_y^{-d}$$

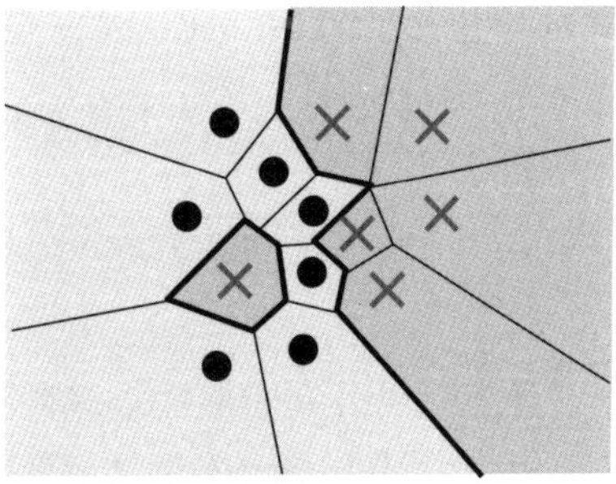

그림 13.3: 최근접 이웃 분류기의 예

이를 이용하면 최근접 밀도 추정법을 이용해 패턴 인식을 할 경우 복잡한 감마 함수를 계산할 필요 없이 r_y^{-d}만을 확인하면 되는 것을 알 수 있다. r_y^{-d}를 최대화하는 분류 항목 y는 r_y값이 가장 작은 분류 항목이나. 따라서, 간단히 입력 패턴 $\boldsymbol{x}$에 가장 가까운 학습용 표본이 속하는 분류 항목을 골라 분류하면 된다. 이러한 패턴 인식 방법을 **최근접 이웃 분류기**(nearest neighbor classifier)라고 한다.

최근접 이웃 분류기의 예를 그림 13.3에 나타낸다. 이 그림에서 알 수 있듯이, 최근접 이웃 분류기의 결정 경계는 **보로노이 다이어그램**(Voronoi diagram)에서 구할 수 있다.

13.3 k-근접 이웃 분류기

최근접 이웃 분류는 매우 간단한 방법이지만, **이상치**(outlier)에 약하다는 문제가 있다. 예를 들어, 잡음의 영향 등에 의해 학습 표본에 주어진 분류 항목이 잘못된 경우에는, 그 주변이 외딴 섬과 같이 되어 버리고 만다(그림 13.3 참조).

이 문제를 해결하려면, 근접 이웃 수 $k = 1$의 최근접 밀도 추정이 아닌, $k > 1$에 대한 k-근접 밀도 추정법을 이용하면 좋다. 즉, 분류 항목 y

에 속하는 학습 표본의 수를 n_y, 그리고 y에 속하는 표본 k개를 포함하는 최소 초구의 체적을 V_y로 나타내면, 조건부 확률 $p(\boldsymbol{x}|y)$ 의 추정이

$$\widehat{p}(\boldsymbol{x}|y) = \frac{k}{n_y V_y}$$

로 주어진다.

위의 방법은 각 분류 항목마다 k개의 학습 표본을 포함하는 초구를 구해야 하므로 계산이 복잡해진다. 하지만 조금 더 생각을 해 보면, 초구를 한 번 구성하는 것만으로 모든 분류 항목의 조건부 확률을 추정할 수 있다는 것을 고려하면 그렇게 복잡한 계산은 아니다. 먼저, 분류 항목에 상관없이 모든 학습 표본에 대해 k개의 표본을 포함하는 작은 초구를 구성한다. 그리고, 확률 $p(\boldsymbol{s})$를 다음과 같이 추정한다.

$$\widehat{p}(\boldsymbol{x}) = \frac{k}{nV}$$

그런데 여기서 확률 $p(\boldsymbol{x})$는 다음과 같이 분해할 수 있다.

$$p(\boldsymbol{x}) = \sum_{y=1}^{c} p(\boldsymbol{x}|y)p(y)$$

여기서, 사전 확률 $p(y)$를 아래와 같이 추정한다면

$$\widehat{p}(y) = \frac{n_y}{n}$$

다음의 식을 얻게 된다.

$$\frac{k}{nV} \approx \sum_{y=1}^{c} p(\boldsymbol{x}|y)\frac{n_y}{n}$$

이 식으로부터, 사후 확률을 다음 식과 같이 설정할 수 있음을 알 수 있다.

$$\widehat{p}(\boldsymbol{x}|y) = \frac{k_y}{n_y V} \tag{13.3}$$

k_y는 초구에 포함된 k개의 학습 표본 가운데 분류 항목 y에 속하는 표본의 수이다.

이 방법을 이용하면, 보다 쉽게 패턴 분류기를 만들 수 있다.

1. 입력된 패턴 $\boldsymbol{x}$의 근방에 있는 k개의 학습 표본을 고른다. 즉, 모든 학습 표본과 패턴 $\boldsymbol{x}$ 사이의 거리를 계산하고, 거리가 가장 가까운 k개의 학습 표본을 선택한다.
2. 선택된 k개의 학습 표본이 속하는 분류 항목들을 살펴보고, 이들 가운데 가장 수가 많은 분류 항목으로 $\boldsymbol{x}$를 분류한다.

이 알고리즘에 기초한 패턴 분류기를 **k-근접 이웃 분류기**(k-nearest neighbor classifier)라고 한다.

k-근접 밀도 추정법의 k를 결정할 때 12.4절에서 설명한 우도 교차 검증법을 이용할 수 있다. k-근접 이웃 분류기에서도 우도 교차 검증법을 이용해 k를 결정해도 좋지만, 패턴 인식 문제를 푸는 경우에는 직접 패턴의 오판별률을 교차 검증법을 위해 사용하는 것이 좋다.

k-근접 이웃 분류기에 대한 패턴 오판별률 교차 검증 알고리즘을 그림 13.4에 나타낸다.

연습 13.2: k-근접 이웃 분류기를 이용하여 필기인식을 해 보자(필기 데이터는 6장을 참조하라). k의 값은 그림 13.4에 나타난 교차 검증법으로 결정한다. ■

힌트: k-근접 이웃 분류기의 프로그램의 예를 그림 13.5–13.7에 보였다. □

1. 학습 표본 $\{(\boldsymbol{x}_i, y_i)\}_{i=1}^n$을 h개의 중복이 없는 서로 비슷한 크기의 부분집합으로 분할한다: $\{(\boldsymbol{x}_i, y_i)\}_{i=1}^n = \{\mathcal{Z}_j\}_{j=1}^h$
2. 근접한 이웃의 수 k의 후보(예를 들면, $k = 1, \ldots, k_{\max}$)에 대해 다음을 되풀이한다.
   (a) $\ell = 1, \ldots, h$에 대해 다음을 반복한다.
      i. ℓ번째 부분집합을 제외한 학습 표본$\{\mathcal{Z}_i\}_{i \neq \ell}$을 사용하여 k-근접 이웃 분류기 $C_k^{(\ell)}$를 구성한다.
      ii. ℓ번째 부분집합의 학습 표본 $\mathcal{Z}_\ell$에 대한 분류기 $C_k^{(\ell)}$의 오판별률 $\mathcal{E}_k^{(\ell)}$을 계산한다.
   (b) 근접한 이웃 수 k에 대한 h개의 오판별률의 평균인 $\mathcal{E}_k$를 구한다.
   $$\mathcal{E}_k := \frac{1}{k_{\max}} \sum_{\ell=1}^{h} \mathcal{E}_k^{(\ell)}$$
3. 평균 오판별률 $\mathcal{E}_k$을 최소화하는 근접 이웃 수 $\widehat{k}$를 선택:
   $$\widehat{k} := \underset{k}{\text{argmax}}\ \mathcal{E}_k$$
4. 고른 근접 이웃 수 $\widehat{k}$에 대해 모든 학습 표본 $\{(\boldsymbol{x}_i, y_i)\}_{i=1}^n$를 사용하여 $\widehat{k}$-근접 이웃 분류기 $C_{\widehat{k}}$를 구성한다.

그림 13.4: k-최근접 이웃 분류기에 대한 패턴 오인식률 교차 검증법

```
clear all
load digit.mat X T
[d,n,nc]=size(X); nt=size(T,2);
XX=[]; Y=[];
for c=1:nc
   XX=[XX X(:,:,c)]; Y=[Y c*ones(1,n)];
end
kk=[1:10];
for i=1:length(kk)
   cv_error(i)=cv(XX,Y,kk(i));
end
[dum,kind]=min(cv_error); k=kk(kind);
for ct=1:nc
   Uh=knn(XX,Y,T(:,:,ct),k);
   for c=1:nc
      C(ct,c)=sum(Uh==c);
   end
end
C
```

그림 13.5: k-근접 이웃 분류기를 사용한 필기 인식 프로그램의 예

```
function errcv=cv(X,Y,k)


h=5; n=size(X,2);
ind=floor((randperm(n)-1)*h./n)+1;
for t=1:h
   Xt=X(:,ind~=t); Yt=Y(ind~=t);
   Xv=X(:,ind==t); Yv=Y(ind==t);
   Yhv=knn(Xt,Yt,Xv,k);
   err(t)=mean(Yhv~=Yv);
end
errcv=mean(err);
```

그림 13.6: k-근접 이웃 분류기의 패턴 오인식률 교차 검증법 프로그램의 예

```
function Uh=knn(X,Y,T,k)


ntr=size(X,2); nte=size(T,2);
d=repmat(sum(X.^2,1)',[1 nte]) ...
   +repmat(sum(T.^2,1),[ntr 1])-2*X'*T;
[dum,nnind]=sort(d,1);
for i=1:nte %majority vote
   Ynn=Y(nnind(1:k,1)); Ys=sort(Ynn);
   ch_flag=(Ys(1:end-1)~=Ys(2:end));
   ch=find(horzcat(1,ch_flag));
   co=horzcat(ch(2:end),k+1)-ch;
   [maxco,ind]= max(co);
   Uh(1,i)=Ys(ch(ind));
end
```

그림 13.7: k-근접 이웃 분류기 프로그램의 예. '...'는 여러 줄에 걸쳐 프로그램을 작성할 때 사용하는 표현이다.

맺음말

이 책에서는 통계적 기계 학습의 기초적인 내용들을 설명했다.

'통계적 기계 학습'이라는 하나의 분야에도 여러가지 접근법이 있는데, 이 책에서는 '생성 모델에 의한 패턴 인식'에 대해 집중적으로 설명했다. 생성 모델 기반의 패턴 인식은 패턴 $\boldsymbol{x}$와 분류 항목 y에 대해, y의 사후 확률 $p(y|\boldsymbol{x})$를 직접 추정하지 않는다. 대신

$$p(y|\boldsymbol{x}) = \frac{p(\boldsymbol{x}, y)}{p(\boldsymbol{x})} \propto p(\boldsymbol{x}, y)$$

와 같은 분해를 통해 데이터의 생성 모델 $p(\boldsymbol{x}, y)$를 먼저 추정하고, 이를 이용해 사후 확률을 추정하는 방식이다. 최우 추정법과 논파라메트릭 방법에 따른 방법은 참고문헌[9, 7, 10] 등에서 상세하게 다뤄지고 있다. 또한 베이즈 추론법은[17, 3, 35, 36]에 자세히 나와 있다.

생성 모델에 근거한 패턴 인식과 대조되는 접근 방식은 **판별 모델**(discriminative model)에 근거한 방식이다. 이 방식은, 패턴 인식을 하기 위해서는 각 분류 항목의 판별 경계만 구하면 된다는 생각에 근거를 두고 있는데, 이 방식을 통해서도 다양한 방법들이 연구되었다. 그 예로 참고 문헌[11]에서 서술하고 있는 다양한 판별 모델의 방법을 들 수 있다. 그중에서도 **커널 방법**(kernel method)이 최근 주목을 받고 있다[29, 24]. 커널 방법에 대한 베이즈 입장의 접근은, 참고문헌[22]에 자세히 설명되어 있다.

패턴 인식의 문제는 패턴과 그 분류 항목의 정보로부터 판별 함수를 학습하는 문제였다. 한편 이런 문제는 질문(패턴)에 대한 답(분류 항목)을 가르쳐 주는 [선생]이 존재하는 문제라고 할 수 있다. 이런 이유로 패턴 인식 문제를 또한 **지도학습**(supervised learning) 문제라고 부른다.

한편, 질문에 대한 대답을 가르쳐 주는 선생이 없는 **비지도학습**(unsupervised learning) 문제들이 있다. 예를 들어, **클러스터링**(clustering), **이상치 검출**(outlier detection) **독립 성분 분석**(independent component analysis) 등은 비지도학습 문제다. 이들도 패턴 인식의 정밀도를 향상시키기 위한 중요한 기술이며 활발히 연구되고 있다.

또, 지도학습과 비지도 학습의 중간에 위치하는 **반지도학습**(semi-supervised learning) 연구도 최근 활발하게 이루어지고 있다[4]. 그중에서도 특히, 학습에 이용하는 학습 표본과, 나중에 사용될 실험 표본의 분포가 다른 **공변량 시프트**(covariate shift)라고 불리는 상황에 대한 연구는 매우 중요하다[20, 28].

최근, 기계 학습 기술은 자연언어 처리, 로봇 제어, 이미지 인식, 음성 인식, 생명 정보 처리, 뇌파 해석, 금융 공학 등 여러 분야에서 응용되고 있다. 또, 동시에 기계 학습의 기초가 되는 통계, 확률 이론, 최적화 이론, 알고리즘론 등도 활발하게 연구되고 있다. 기계 학습은 가까운 미래의 초고도 정보화 사회의 지능적 데이터 처리 기술의 중심이 되는 중요한 기술이며, 앞으로 더욱 발전해 나갈 것으로 여겨진다. 저자도 이 기계 학습 분야의 연구자의 한 사람으로, 이론에서 응용까지 폭넓게 연구하고 있다.

`http://www.ms.k.u-tokyo.ac.jp/sugi/`

이 책을 통해 독자 여러분이 빠른 발전을 이루고 있는 기계 학습 분야에 관심을 가지게 되었으면 하는 바람이다.

참고문헌

[1] H. Akaike. A new look at the statistical model identification. *IEEE Transactions on Automatic Control*, AC-19(6):716–723, 1974.

[2] S. Amari. Theory of adaptive pattern classifiers. *IEEE Transactions on Electronic Computers*, EC-16(3):299–307, 1967.

[3] C. M. Bishop. *Pattern Recognition and Machine Learning*. Springer, New York, NY, USA, 2006.

[4] O. Chapelle, B. Schölkopf, and A. Zien, editors. *Semi-Supervised Learning*. MIT Press, Cambridge, MA, USA, 2006.

[5] H. Cramér. *Mathematical Methods of Statistics*. Princeton University Press, Princeton, NJ, USA, 1946.

[6] A. P. Dempster, N. M. Laird, and D. B. Rubin. Maximum likelihood from incomplete data via the EM algorithm. *Journal of the Royal Statistical Society, series B*, 39(1):1–38, 1977.

[7] R. O. Duda, P. E. Hart, and D. G. Stor. *Pattern Classification*. Wiley, New York, NY, USA, 2001.

[8] R. A. Fisher. The use of multiple measurements in taxonomic problems. *Annals of Eugenics*, 7(2):179–188, 1936.

[9] K. Fukunaga. *Introduction to Statistical Pattern Recognition.* Academic Press, Inc., Boston, MA, USA, second edition, 1990.

[10] W. Härdle, M. Müller, S. Sperlich, and A. Werwatz. *Nonparametric and Semiparametric Models.* Springer, Berlin, Germany, 2004.

[11] T. Hastie, R. Tibshirani, and J. Friedman. *The Elements of Statistical Learning: Data Mining, Inference, and Prediction.* Springer, New York, 2001.

[12] W. K. Hastings. Monte Carlo sampling methods using Markov chains and their applications. *Biometrika*, 57(1):97–109, 1970.

[13] I. T. Jolliffe. *Principal Component Analysis.* Springer-Verlag, New York, NY, USA, 1986.

[14] D. E. Knuth. *Seminumerical Algorithms*, volume 2 of *The Art of Computer Programming.* Addison-Wesley, Reading, MA, USA, 1969.

[15] S. Konishi and G. Kitagawa. Generalized information criteria in model selection. *Biometrika*, 83(4):875–890, 1996.

[16] D. O. Loftsgaarden and C. P. QuesenBerry. A nonparametric estimate of a multivariate density function. *The Annals of Mathematical Statistics*, 36(3):1049–1051, 1965.

[17] D. J. C. MacKay. *Information Theory, Inference, and Learning Algorithms.* Cambridge University Press, Cambridge, UK, 2003.

[18] N. Metropolis, A. W. Rosenbluth, M. N. Rosenbluth, A. H. Teller, and E. Teller. Equations of state calculations by fast computing machines. *Journal of Chemical Physics*, 21(6):1087–1092, 1953.

[19] N. Murata, S. Yoshizawa, and S. Amari. Network information criterion — Determining the number of hidden units for an artificial neural network model. *IEEE Transactions on Neural Networks*, 5(6):865–872, 1994.

[20] J. Quiñonero-Candela, M. Sugiyama, A. Schwaighofer, and N. Lawrence, editors. *Dataset Shift in Machine Learning*. MIT Press, Cambridge, MA, USA, 2009.

[21] C. Rao. Information and the accuracy attainable in the estimation of statistical parameters. *Bulletin of the Calcutta Mathematics Society*, 37:81–89, 1945.

[22] C. E. Rasmussen and C. K. I. Williams. *Gaussian Processes for Machine Learning*. MIT Press, Cambridge, 2006.

[23] J. Rissanen. Modeling by shortest data description. *Automatica*, 14(5):465–471, 1978.

[24] B. Schölkopf and A. J. Smola. *Learning with Kernels*. MIT Press, Cambridge, MA, 2002.

[25] R. Shibata. An optimal selection of regression variables. *Biometrika*, 68(1):45–54, 1981.

[26] R. Shibata. Statistical aspects of model selection. In J. C. Willems, editor, *From Data to Model*, pages 215–240. Springer-Verlag, New York, NY, USA, 1989.

[27] M. Stone. An asymptotic equivalence of choice of model by cross-validation and Akaike's criterion. *Journal of the Royal Statistical Society, Series B*, 39:44–47, 1977.

[28] M. Sugiyama, P. von Bünau, M. Kawanabe, and K.-R. Müller. *Covariate Shift Adaptation: Towards Machine Learning in Non-Stationary Environment.* MIT Press, Cambridge, MA, USA, 2010. to appear.

[29] V. N. Vapnik. *Statistical Learning Theory.* Wiley, New York, 1998.

[30] J. von Neumann. Various techniques used in connection with random digits. In A. S. Householder, G. E. Forsythe, and H. H. Germond, editors, *Monte Carlo Methods*, volume 12 of *National Bureau of Standards Applied Mathematics Series*, pages 36–38, 1951.

[31] G. Wahba. *Spline Models for Observational Data.* Society for Industrial and Applied Mathematics, Philadelphia, PA, USA, 1990.

[32] C. F. J. Wu. On the convergence properties of the EM algorithm. *The Annals of Statistics*, 11:95–103, 1983.

[33] 竹 啓(다케우치).「情報統計量の分布とモデルの適切さの基準(정보 통계 분포와 모델의 평가의 기준)」.『數理科學(수리과학)』. 153:12–18, 1976.

[34] 吉田 朋(요시다).『數理統計學(수리통계학)』. 조창서점, 도쿄, 2006.

[35] 下平 英(시모다이라). 「モデル選理論の新展開(모델 선택 이론의 새로운 전개)」. 『統計數學(통계수학)』. 47(1):3–27, 1999.

[36] 元田 浩(모토다), 栗田 多喜夫(쿠리타), 口 知之(히구치), 松本 裕治(마츠모토), 村田 昇(무라타).『パタン認識と機學習(上):ベイズ理論による統計的予測(패턴 인식과 기계 학습(상): 베이스 이론에 의한 통계적 예측)』. Springer Japan, 도쿄, 2007.

[37] 元田 浩(모토다), 栗田 多喜夫(쿠리타), 口 知之(히구치), 松本 裕治(마츠모토), 村田 昇(무라타).『パタン認識と機學習(下):ベイズ理論による統計的予測(패턴 인식과 기계 학습(하): 베이스 이론에 의한 통계적 예측)』. Springer Japan, 도쿄, 2008.

[38] 八谷 大岳(하치야), 杉山 (스기야마). 『くなるロボティックゲムプレイヤの作り方--でぶ化學習(강해지는 로봇, 플레이어 만드는 법 실행하며 배우는 강화학습)』. 마이니치 커뮤니케이션, 도쿄, 2008.

[39] 鳥脇純一(토리와키). 『認識工學:パタン認識とその用(인식 공학: 패턴 인식과 그 응용)』. 코로나, 도쿄, 1993.

찾아보기